五矿矿业副井提升系统操作维护标准化手册

五矿矿业控股有限公司
霍邱县庆发矿业有限责任公司　编

煤炭工业出版社
·北　京·

图书在版编目（CIP）数据

五矿矿业副井提升系统操作维护标准化手册/五矿矿业控股有限公司，霍邱县庆发矿业有限责任公司编．--北京：煤炭工业出版社，2017

ISBN 978-7-5020-6136-4

Ⅰ．①五…　Ⅱ．①五…　②霍…　Ⅲ．①矿井提升机—操作—安全管理—标准—中国　Ⅳ．①TD534-65

中国版本图书馆 CIP 数据核字（2017）第 240828 号

五矿矿业副井提升系统操作维护标准化手册

编　　者　五矿矿业控股有限公司　霍邱县庆发矿业有限责任公司
责任编辑　肖　力
责任校对　姜惠萍
封面设计　尚乃茹

出版发行　煤炭工业出版社（北京市朝阳区芍药居 35 号　100029）
电　　话　010-84657898（总编室）
010-64018321（发行部）　010-84657880（读者服务部）
电子信箱　cciph612@126.com
网　　址　www.cciph.com.cn
印　　刷　北京建宏印刷有限公司
经　　销　全国新华书店

开　　本　787mm×1092mm $^1/_{16}$　**印张**　15　**字数**　359 千字
版　　次　2017 年 12 月第 1 版　2017 年 12 月第 1 次印刷
社内编号　9016　**定价**　66.00 元

前　　言

五矿矿业控股有限公司（以下简称五矿矿业或公司）是中国五矿集团公司直管单位，为国有独资大型黑色冶金矿山企业，业务分布于安徽、河北、辽宁和海外等区域，铁矿资源控制量18亿吨以上，年产铁矿石1200万吨、铁精矿500万吨。现经营安徽开发矿业、北洺河铁矿、西石门铁矿、玉石洼铁矿、庆发矿业、索伊矿业、五鑫矿业、营口矿业、陈台沟矿业、和成矿业等多家矿山企业。

目前，五矿矿业下属各矿山均为地下开采，采用竖井提升形式。竖井提升作为矿山生产的咽喉，肩负着运输矿石、人员、物料及设备的重任。竖井提升工作的好坏，直接关系到矿山的安全生产。为了培养能迅速适应提升机运行工作岗位要求的高素质技能型人才，根据五矿矿业的要求，由五矿矿业设备动力部和庆发矿业机电管理人员及专业技术人员组成编写小组，以庆发矿业现有提升系统的配置为蓝本，按照《金属非金属矿山安全规程》（GB 16423—2006）（简称《规程》）竖井提升部分的相关要求，逐条分解对照，并参照设备制造厂家相关技术资料，同时总结实际工作经验，编写了本手册。

在编写的过程中，遵循“理论教学以必需、够用为度，重在应用”的原则，面向职工，立足现场，注重基础，内容全面。内容主要包括《规程》（竖井提升）篇、操检维护篇、制度建设篇、应知应会篇、专项措施篇、岗位题库篇六大部分，注重岗位技能和动手能力的培养。手册后附3个工作流程（钢丝绳首绳验绳、首绳张力检测、制动器闸间隙检测调整）的视频光盘，供读者学习。

由于编者水平所限，本书难免存在缺憾和不足，敬请读者提出宝贵意见。

编委会

2017年10月

目　次

第一部分　规程(竖井提升)篇

第一章　《金属非金属矿山安全规程》(竖井提升)　…………………………………………… 3
第二章　庆发矿业副井提升系统与《规程》的对应 ………………………………………… 14

第二部分　操检维护篇

第一章　操作手册 ………………………………………………………………………………… 49
第一节　提升机司机操作手册 ……………………………………………………………… 49
第二节　信号工操作手册 …………………………………………………………………… 53
第三节　拥罐工操作手册 …………………………………………………………………… 55
第二章　庆发矿业副井提升系统标准化表格 ……………………………………………… 57
第一节　庆发矿业副井提升系统电工设备日检、月检记录表 …………………………… 57
第二节　庆发矿业副井提升系统钢丝绳检测记录表 ……………………………………… 64
第三节　庆发矿业副井提升系统钳工日检、周期性检查表、闸间隙检查记录表 ……… 67
第四节　庆发矿业副井提升系统设备润滑记录表 ………………………………………… 78
第五节　庆发矿业副井提升系统提升机司机日检表、运行记录表 ……………………… 80
第六节　庆发矿业副井提升系统信号(拥罐)工日常点检表 …………………………… 86
第七节　庆发矿业副井提升系统设备故障记录表 ………………………………………… 89
第八节　庆发矿业副井提升系统设备检修记录表 ………………………………………… 92
第三章　手指口述 ………………………………………………………………………………… 95
第一节　提升机司机手指口述 ……………………………………………………………… 95
第二节　维修电工手指口述 ………………………………………………………………… 97
第三节　维修钳工手指口述 ………………………………………………………………… 98
第四节　信号工手指口述 ……………………………………………………………………100
第四章　标准化工作流程 ………………………………………………………………………102
第一节　制动器闸间隙检测调整工作流程 …………………………………………………102
第二节　提升电控设备除尘工作流程 ………………………………………………………103
第三节　提升机首绳验绳工作流程 …………………………………………………………104
第四节　天轮轴套加油工作流程 ……………………………………………………………105
第五节　提升机主电机除尘工作流程 ………………………………………………………105

第六节　提升机首绳调绳工作流程…………………………………………………… 106
第七节　提升机首绳张力检测工作流程………………………………………………… 107
第八节　安全门油缸更换工作流程……………………………………………………… 108
第九节　盘形制动器更换工作流程……………………………………………………… 109
第十节　罐笼侧调绳油缸更换工作流程………………………………………………… 110
第十一节　提升机制动液压站液压油更换工作流程…………………………………… 111

第三部分　制度建设篇

第一章　安全技术操作规程………………………………………………………………… 115
第一节　提升机司机安全技术操作规程………………………………………………… 115
第二节　维修电工安全技术操作规程…………………………………………………… 115
第三节　维修钳工安全技术操作规程…………………………………………………… 116
第四节　信号工安全技术操作规程……………………………………………………… 116
第五节　拥罐工安全技术操作规程……………………………………………………… 117
第二章　公司级管理制度…………………………………………………………………… 118
第一节　提升容器管理制度……………………………………………………………… 118
第二节　提升系统安全管理制度………………………………………………………… 119
第三节　提升系统点检检修管理制度…………………………………………………… 120
第四节　乘罐管理制度…………………………………………………………………… 121
第五节　设备检修管理制度……………………………………………………………… 123
第六节　设备使用维护管理制度………………………………………………………… 125
第七节　设备事故与故障管理制度……………………………………………………… 131
第三章　运行车间提升管理制度…………………………………………………………… 134
第四章　班组级管理制度…………………………………………………………………… 138
第一节　岗位责任制……………………………………………………………………… 138
第二节　提升机点检制…………………………………………………………………… 140
第三节　交接班制………………………………………………………………………… 140

第四部分　应知应会篇

第一章　提升机司机应知应会……………………………………………………………… 145
第二章　信号（拥罐）工应知应会………………………………………………………… 151
第三章　维修工应知应会…………………………………………………………………… 154

第五部分　专项措施篇

第一章　副井罐笼下放大件安全技术措施…………………………………………………… 161
第二章　井底水窝清理专项措施…………………………………………………………… 163

第三章　提升容器顶部作业专项措施…… 165
第四章　庆发矿业副井提升系统事故应急处置方案…… 167

第六部分　岗位题库篇

第一章　电工考试题库…… 171
第二章　钳工考试题库…… 182
第三章　提升机司机考试题库…… 190
第四章　信号工考试题库…… 206
第五章　实际操作考试题库…… 216
　第一节　钳工实际操作试题…… 216
　第二节　电工实际操作试题…… 221
　第三节　提升机司机实际操作试题…… 226
　第四节　信号工实际操作试题…… 227

附录　庆发矿业副井提升系统简介…… 229
参考文献　…… 230

第 一 部 分

规程(竖井提升)篇

第一章 《金属非金属矿山安全规程》（竖井提升）

《金属非金属矿山安全规程》（GB 16423—2006）有关竖井提升的条文规定：

6.3.3 竖井提升

6.3.3.1 垂直深度超过50 m的竖井用作人员出入口时，应采用罐笼或电梯升降人员。

6.3.3.2 用于升降人员和物料的罐笼，应符合GB 16542的规定。

6.3.3.3 建井期间临时升降人员的罐笼，若无防坠器，应制定切实可行的安全措施，并报主管矿长批准。

6.3.3.4 同一层罐笼不应同时升降人员和物料。升降爆破器材时，负责运输的爆破作业人员应通知中段（水平）信号工和提升机司机，并跟罐监护。

6.3.3.5 无隔离设施的混合井，在升降人员的时间内，箕斗提升系统应中止运行。

6.3.3.6 罐笼的最大载重量和最大载人数量，应在井口公布，不应超载运行。

6.3.3.7 竖井提升应符合下列规定：

——提升容器和平衡锤，应沿罐道运行；

——提升容器的罐道，应采用木罐道、型钢罐道或钢丝绳罐道；

——竖井内用带平衡锤的单罐笼升降人员或物料时，平衡锤的质量应符合设计要求，平衡锤和罐笼用的钢丝绳规格应相同，并应做同样的检查和试验。

6.3.3.8 提升容器的导向槽（器）与罐道之间的间隙，应符合下列规定：

——木罐道，每侧应不超过10 mm；

——钢丝绳罐道，导向器内径应比罐道绳直径大2～5 mm；

——型钢罐道不采用滚轮罐耳时，滑动导向槽每侧间隙不应超过5 mm；

——型钢罐道采用滚轮罐耳时，滑动导向槽每侧间隙应保持10～15 mm。

6.3.3.9 导向槽（器）和罐道，其间磨损达到下列程度，均应予以更换：

——木罐道的一侧磨损超过15 mm；

——导向槽的一侧磨损超过8 mm；

——钢罐道和容器导向槽同一侧总磨损量达到10 mm；

——钢丝绳罐道表面钢丝在一个捻距内断丝超过15%；封闭钢丝绳的表面钢丝磨损超过50%；导向器磨损超过8 mm；

——型钢罐道任一侧壁厚磨损超过原厚度的50%。

6.3.3.10 竖井内提升容器之间、提升容器与井壁或罐道梁之间的最小间隙，应符合表6规定。

罐道钢丝绳的直径应不小于28 mm；防撞钢丝绳的直径应不小于40 mm。

凿井时，两个提升容器的钢丝绳罐道之间的间隙，应不小于250 + $H/3$（H 为以米为单位的井筒深度的数值）mm，且应不小于300 mm。

表6 竖井内提升容器之间以及提升容器最突出部分和井壁、罐道梁、井梁之间的最小间隙

单位：mm

<table>
<tr><th colspan="2">罐道和井梁布置</th><th>容器与容器之间</th><th>容器与井壁之间</th><th>容器与罐道梁之间</th><th>容器与井梁之间</th><th>备 注</th></tr>
<tr><td colspan="2">罐道布置在容器一侧</td><td>200</td><td>150</td><td>40</td><td>150</td><td>罐道与导向槽之间为20</td></tr>
<tr><td rowspan="2">罐道布置在容器两侧</td><td>木罐道</td><td>—</td><td>200</td><td>50</td><td>200</td><td rowspan="2">有卸载滑轮的容器，滑轮和罐道梁间隙增加25</td></tr>
<tr><td>钢罐道</td><td>—</td><td>150</td><td>40</td><td>150</td></tr>
<tr><td rowspan="2">罐道布置在容器正门</td><td>木罐道</td><td>200</td><td>200</td><td>50</td><td>200</td><td rowspan="2"></td></tr>
<tr><td>钢罐道</td><td>200</td><td>150</td><td>40</td><td>150</td></tr>
<tr><td colspan="2">钢丝绳罐道</td><td>450</td><td>350</td><td>—</td><td>350</td><td>设防撞绳时，容器之间最小间隙为200</td></tr>
</table>

6.3.3.11 钢丝绳罐道，应优先选用密封式钢丝绳。每根罐道绳的最小刚性系数应不小于500 N/m。各罐道绳张紧力应相差5% ~10%，内侧张紧力大，外侧张紧力小。

井底应设罐道钢丝绳的定位装置。拉紧重锤的最低位置到井底水窝最高水面的距离，应不小于1.5 m。应有清理井底粉矿及泥浆的专用斜井、联络道或其他形式的清理设施。

采用多绳摩擦提升机时，粉矿仓应设在尾绳之下，粉矿仓顶面距离尾绳最低位置应不小于5 m。穿过粉矿仓底的罐道钢丝绳，应用隔离套筒予以保护。

从井底车场轨面至井底固定托罐梁面的垂高应不小于过卷高度，在此范围内不应有积水。

6.3.3.12 罐道钢丝绳应有20 ~30 m备用长度；罐道的固定装置和拉紧装置应定期检查，及时串动和转动罐道钢丝绳。

6.3.3.13 天轮到提升机卷筒的钢丝绳最大偏角，应不超过1°30′。

天轮轮槽剖面的中心线，应与轮轴中心线垂直。不应有轮缘变形、轮辐弯曲和活动等现象。

6.3.3.14 采用扭转钢丝绳作多绳摩擦提升机的首绳时，应按左右捻相间的顺序悬挂，悬挂前，钢丝绳应除油。腐蚀性严重的矿井，钢丝绳除油后应涂增摩脂。

若用扭转钢丝绳作尾绳，提升容器底部应设尾绳旋转装置，挂绳前，尾绳应破劲。

井筒内最低装矿点的下面，应设尾绳隔离装置。

6.3.3.15 运转中的多绳摩擦提升机，应每周检查一次首绳的张力，若各绳张力反弹波时间差超过10%，应进行调绳。

对主导轮和导向轮的摩擦衬垫，应视其磨损情况及时车削绳槽。绳槽直径差应不大于0.8 mm。衬垫磨损达2/3，应及时更换。

6.3.3.16 采用钢丝绳罐道的罐笼提升系统，中间各中段应设稳罐装置。

6.3.3.17 采用钢丝绳罐道的单绳提升系统，两根主提升钢丝绳应采用不旋转钢丝

绳。

6.3.3.18 不应用普通箕斗升降人员。遇特殊情况需要使用普通箕斗或急救罐升降人员时，应采取经主管矿长批准的安全措施。

6.3.3.19 人员站在空提升容器的顶盖上检修、检查井筒时，应有下列安全防护措施：

——应在保护伞下作业；

——应佩戴安全带，安全带应牢固地绑在提升钢丝绳上；

——检查井筒时，升降速度应不超过0.3 m/s；

——容器上应设专用信号联系装置；

——井口及各中段马头门，应设专人警戒，不应下坠任何物品。

6.3.3.20 竖井罐笼提升系统的各中段马头门，应根据需要使用摇台。除井口和井底允许设置托台外，特殊情况下也允许在中段马头门设置自动托台。摇台、托台应与提升机闭锁。

6.3.3.21 竖井提升系统应设过卷保护装置，过卷高度应符合下列规定：

——提升速度低于3 m/s时，不小于4 m；

——提升速度为3~6 m/s时，不小于6 m；

——提升速度高于6 m/s、低于或等于10 m/s时，不小于最高提升速度下运行1 s的提升高度；

——提升速度高于10 m/s时，不小于10 m；

——凿井期间用吊桶提升时，不小于4 m。

6.3.3.22 提升井架（塔）内应设置过卷挡梁和楔形罐道。楔形罐道的楔形部分的斜度为1%，其长度（包括较宽部分的直线段）应不小于过卷高度的2/3，楔形罐道顶部需设封头挡梁。

多绳摩擦提升时，井底楔形罐道的安装位置，应使下行容器比上提容器提前接触楔形罐道，提前距离应不小于1 m。

单绳缠绕式提升时，井底应设简易缓冲式防过卷装置，有条件的可设楔形罐道。

6.3.3.23 提升系统的各部分，包括提升容器、连接装置、防坠器、罐耳、罐道、阻车器、罐座、摇台（或托台）、装卸矿设施、天轮和钢丝绳，以及提升机的各部分，包括卷筒、制动装置、深度指示器、防过卷装置、限速器、调绳装置、传动装置、电动机和控制设备以及各种保护装置和闭锁装置等，每天应由专职人员检查1次，每月应由矿机电部门组织有关人员检查1次；发现问题应立即处理，并将检查结果和处理情况记录存档。

6.3.3.24 钢筋混凝土井架、钢井架和多绳提升机井塔，每年应检查1次；木质井架，每半年应检查1次。检查结果应写成书面报告，发现问题应及时解决。

6.3.3.25 井口和井下各中段马头门车场，均应设信号装置。各中段发出的信号应有区别。

乘罐人员应在距井筒5 m以外候罐，应严格遵守乘罐制度，听从信号工指挥。

提升机司机应弄清信号用途，方可开车。

6.3.3.26 罐笼提升系统，应设有能从各中段发给井口总信号工转达提升机司机的信号装置。井口信号与提升机的启动，应有闭锁关系，并应在井口与提升机司机之间设辅助信号装置及电话或话筒。

箕斗提升系统，应设有能从各装矿点发给提升机司机的信号装置及电话或话筒。装矿点信号与提升机的启动，应有闭锁关系。

竖井提升信号系统，应设有下列信号：

——工作执行信号；

——提升中段（或装矿点）指示信号；

——提升种类信号；

——检修信号；

——事故信号；

——无联系电话时，应设联系询问信号。

竖井罐笼提升信号系统，应符合 GB 16541 的规定。

6.3.3.27　事故紧急停车和用箕斗提升矿石或废石，井下各中段可直接向提升机司机发出信号。用罐笼提升矿石或废石，应经井口总信号工同意，井下各中段方可直接向提升机司机发出信号。

6.3.3.28　所有升降人员的井口及提升机室，均应悬挂下列布告牌：

——每班上下井时间表；

——信号标志；

——每层罐笼允许乘罐的人数；

——其他有关升降人员的注意事项。

6.3.3.29　清理竖井井底水窝时，上部中段应设保护设施，以免物体坠落伤人。

6.3.4　钢丝绳和连接装置

6.3.4.1　除用于倾角30°以下的斜井提升物料的钢丝绳外，其他提升钢丝绳和平衡钢丝绳，使用前均应进行检验。经过检验的钢丝绳，贮存期应不超过6个月。

6.3.4.2　提升钢丝绳的检验，应使用符合条件的设备和方法进行，检验周期应符合下列要求：

——升降人员或升降人员和物料用的钢丝绳，自悬挂时起，每隔6个月检验1次；有腐蚀气体的矿山，每隔3个月检验1次；

——升降物料用的钢丝绳，自悬挂时起，第一次检验的间隔时间为1年，以后每隔6个月检验1次；

——悬挂吊盘用的钢丝绳，自悬挂时起，每隔1年检验1次。

6.3.4.3　提升钢丝绳，悬挂时的安全系数应符合下列规定：

单绳缠绕式提升钢丝绳：

——专作升降人员用的，不小于9；

——升降人员和物料用的，升降人员时不小于9，升降物料时不小于7.5；

——专作升降物料用的，不小于6.5。

多绳摩擦提升钢丝绳：

——升降人员用的，不小于8；

——升降人员和物料用的，升降人员时不小于8，升降物料时不小于7.5；

——升降物料用的，不小于7；

——作罐道或防撞绳用的，不小于6。

6.3.4.4 使用中的钢丝绳，定期检验时安全系数为下列数值的，应更换：

——专作升降人员用的，小于7；

——升降人员和物料用的，升降人员时小于7，升降物料时小于6；

——专作升降物料和悬挂吊盘用的，小于5。

6.3.4.5 新钢丝绳悬挂前，应对每根钢丝做拉断、弯曲和扭转3种试验，并以公称直径为准对试验结果进行计算和判定：不合格钢丝的断面积与钢丝总断面积之比达到6%，不应用于升降人员；达到10%，不应用于升降物料；以合格钢丝拉断力总和为准算出的安全系数，如小于本规程6.3.4.3的规定时，不应使用该钢丝绳。

使用中的钢丝绳，可只做每根钢丝的拉断和弯曲2种试验。试验结果，仍以公称直径为准进行计算和判定：不合格钢丝的断面积与钢丝总断面积之比达到25%时，应更换；以合格钢丝拉断力总和为准算出的安全系数，如小于本规程6.3.4.4的规定时，应更换。

6.3.4.6 对提升钢丝绳，除每日进行检查外，应每周进行1次详细检查，每月进行1次全面检查；人工检查时的速度应不高于0.3 m/s，采用仪器检查时的速度应符合仪器的要求。对平衡绳（尾绳）和罐道绳，每月进行1次详细检查。所有检查结果，均应记录存档。

钢丝绳一个捻距内的断丝断面积与钢丝总断面积之比，达到下列数值时，应更换：

——提升钢丝绳，5%；

——平衡钢丝绳、防坠器的制动钢丝绳（包括缓冲绳），10%；

——罐道钢丝绳，15%；

——倾角30°以下的斜井提升钢丝绳，10%。

以钢丝绳标称直径为准计算的直径减小量达到下列数值时，应更换：

——提升钢丝绳或制动钢丝绳，10%；

——罐道钢丝绳，15%；

使用密封钢丝绳外层钢丝厚度磨损量达到50%时，应更换。

6.3.4.7 钢丝绳在运行中遭受到卡罐或突然停车等猛烈拉力时，应立即停止运转，进行检查，发现下列情况之一者，应将受力段切除或更换全绳：

——钢丝绳产生严重扭曲或变形；

——断丝或直径减小量超过本规程6.3.4.6的规定；

——受到猛烈拉力的一段长度伸长0.5%以上。

在钢丝绳使用期间，断丝数突然增加或伸长突然加快，应立即更换。

6.3.4.8 钢丝绳的钢丝有变黑、锈皮、点蚀麻坑等损伤时，不应用于升降人员。

钢丝绳锈蚀严重，或点蚀麻坑形成沟纹，或外层钢丝松动时，不论断丝数多少或绳径是否变化，应立即更换。

6.3.4.9 多绳摩擦提升机的首绳，使用中有1根不合格的，应全部更换。

6.3.4.10 平衡钢丝绳（尾绳）的长度，应满足罐笼或箕斗过卷的需要。使用圆形平衡钢丝绳时，应有避免平衡钢丝绳扭结的装置。平衡钢丝绳（尾绳）最低处，不应被水淹或渣埋。

6.3.4.11 单绳提升，钢丝绳与提升容器之间用桃形环连接时，钢丝绳由桃形环上平直的一侧穿入，用不少于5个绳卡（其间距为200~300 mm）与首绳卡紧，然后再卡一视察圈（使用带模块楔紧装置的桃形环除外）。

提升容器应用带拉杆的耳环和保险链（或其他类型的连接装置）分别连接在桃形环上。安装好的保险链，不准有打结现象。

多绳提升的钢丝绳用专用桃形绳夹时，回绳头应用2个以上绳卡与首绳卡紧。

6.3.4.12 新安装或大修后的防坠器、断绳保险器，应进行脱钩试验，合格后方可使用。

在用竖井罐笼的防坠器，每半年应进行1次清洗和不脱钩试验，每年进行1次脱钩试验。

在用斜井人车的断绳保险器，每日进行1次手动落闸试验，每月进行1次静止松绳落闸试验，每年进行1次重载全速脱钩试验。

防坠器或断绳保险器的各个连接和传动部件，应经常处于灵活状态。

6.3.4.13 连接装置的安全系数，应符合下列规定：

——升降人员或升降人员和物料的连接装置和其他有关部分，不小于13；

——升降物料的连接装置和其他有关部分，不小于10；

——无极绳运输的连接装置，不小于8；

——矿车的连接钩、环和连接杆，不小于6。

计算保险链的安全系数时，假定每条链子都平均地承受容器自重及其荷载，并应考虑链子的倾斜角度。

6.3.4.14 井口悬挂吊盘应平稳牢固，吊盘周边至少应均匀布置4个悬挂点。井筒深度超过100 m时，悬挂吊盘用的钢丝绳不应兼作导向绳使用。

6.3.4.15 凿井用的钢丝绳和连接装置的安全系数，应符合下列规定：

——悬挂吊盘、水泵、排水管用的钢丝绳，不小于6；

——悬挂风筒、压缩空气管、混凝土浇注管、电缆及拉紧装置用的钢丝绳，不小于5；

——悬挂吊盘、安全梯、水泵、抓岩机的连接装置（钩、环、链、螺栓等），不小于10；

——悬挂风管、水管、风筒、注浆管的连接装置，不小于8；

——吊桶提梁和连接装置的安全系数不小于13。

6.3.5 提升装置

6.3.5.1 提升装置的天轮、卷筒、主导轮和导向轮的最小直径与钢丝绳直径之比，应符合下列规定：

——摩擦轮式提升装置的主导轮，有导向轮时不小于100，无导向轮时不小于80；

——落地安装的摩擦轮式提升装置的主导轮和天轮不小于100；

——地表单绳提升装置的卷筒和天轮，不小于80；

——井下单绳提升装置和凿井的单绳提升装置的卷筒和天轮，不小于60；

——排土场的提升或运输装置的卷筒和导向轮，不小于50；

——悬挂吊盘、吊泵、管道用绞车的卷筒和天轮，凿井时运料用绞车的卷筒，不小于20；

——其他移动式辅助性绞车视情况而定。

6.3.5.2 提升装置的卷筒、天轮、主导轮、导向轮的最小直径与钢丝绳中最粗钢丝的最大直径之比，应符合下列规定：

——地表提升装置，不小于1200；

——井下或凿井用的提升装置，不小于900；

——凿井期间升降物料的绞车或悬挂水泵、吊盘用的提升装置，不小于300。

6.3.5.3 各种提升装置的卷筒缠绕钢丝绳的层数，应符合下列规定：

——竖井中升降人员或升降人员和物料的，宜缠绕单层；专用于升降物料的，可缠绕两层；

——斜井中升降人员或升降人员和物料的，可缠绕两层；升降物料的，可缠绕3层；

——盲井（包括盲竖井、盲斜井）中专用于升降物料的或地面运输用的，可缠绕3层；

——开凿竖井或斜井期间升降人员和物料的，可缠绕两层；深度或斜长超过400 m的，可缠绕3层；

——移动式或辅助性专为提升物料用的，以及凿井期间专为升降物料用的，可多层缠绕。

6.3.5.4 缠绕两层或多层钢丝绳的卷筒，应符合下列规定：

——卷筒边缘应高出最外一层钢丝绳，其高差不小于钢丝绳直径的2.5倍；

——卷筒上应装设带螺旋槽的衬垫，卷筒两端应设有过渡块；

——经常检查钢丝绳由下层转至上层的临界段部分（相当于1/4绳圈长），并统计其断丝数。每季度应将钢丝绳临界段串动1/4绳圈的位置。

6.3.5.5 双筒提升机调绳，应在无负荷情况下进行。

6.3.5.6 在卷筒内紧固钢丝绳，应遵守下列规定：

——卷筒内应设固定钢丝绳的装置，不应将钢丝绳固定在卷筒轴上；

——卷筒上的绳眼，不许有锋利的边缘和毛刺，折弯处不应形成锐角，以防止钢丝绳变形；

——卷筒上保留的钢丝绳，应不少于3圈，以减轻钢丝绳与卷筒连接处的张力。

用作定期试验用的补充绳，可保留在卷筒之内或缠绕在卷筒上。

6.3.5.7 天轮的轮缘应高于绳槽内的钢丝绳，高出部分应大于钢丝绳直径的1.5倍。带衬垫的天轮，衬垫应紧密固定。衬垫磨损深度相当于钢丝绳直径，或沿侧面磨损达到钢丝绳直径的一半时，应立即更换。

6.3.5.8 竖井用罐笼升降人员时，加速度和减速度应不超过0.75 m/s^2；最高速度应不超过式（4）计算值，且最大应不超过12 m/s。

$$V=0.5\sqrt{H} \tag{4}$$

式中 V——最高速度，m/s；

H——提升高度，m。

竖井升降物料时，提升容器的最高速度，应不超过式（5）计算值。

$$V=0.6\sqrt{H} \tag{5}$$

式中 V——最高速度，m/s；

H——提升高度，m。

6.3.5.9 吊桶升降人员的最高速度：有导向绳时，应不超过罐笼提升最高速度的1/3；无导向绳时，应不超过1 m/s。

吊桶升降物料的最高速度：有导向绳时，应不超过罐笼提升最高速度的2/3；无导向绳时，应不超过2 m/s。

6.3.5.10 提升装置的机电控制系统，应有下列符合要求的保护与电气闭锁装置：

——限速保护装置：罐笼提升系统最高速度超过4 m/s和箕斗提升系统最高速度超过6 m/s时，控制提升容器接近预定停车点时的速度应不超过2 m/s；

——主传动电动机的短路及断电保护装置：保证安全制动及时动作；

——过卷保护装置：安装在井架和深度指示器上；当提升容器或平衡锤超过正常卸载（罐笼为进出车）位置0.5 m时，使提升设备自动停止运转，同时实现安全制动；此外，还应设置不能再向过卷方向接通电动机电源的联锁装置；

——过速保护装置：当提升速度超过规定速度的15%时，使提升机自动停止运转，实现安全制动；

——过负荷及无电压保护装置：当提升机过负荷或供电中断时，使提升机自动停止运转；

——提升机操纵手柄与安全制动之间的联锁装置：操纵手柄不在“0”位、制动手柄不在抱闸位置时，不能接通安全制动电磁铁电源而解除安全制动；

——闸瓦磨损保护装置：闸瓦磨损超过允许值或制动弹簧（或重锤机构）行程超限时，应有信号显示及安全制动；

——使用电气制动的，当制动电流消失时，应实现安全制动；

——圆盘式深度指示器自整角机的定子绕组断电时，应实现安全制动；

——圆盘闸制动系统，制动油压过高、制动油泵电动机断电或制动闸变形异常时，应实现安全制动；

——润滑系统油压过高、过低或制动油温过高时，应使下一次提升不能进行；

——当提升容器到达两端减速点时，应使提升机自动减速或发出减速信号；

——采用直流电动机传动时，主传动电动机应装设失励磁保护；

——测速回路应有断电保护；

——提升机与信号系统之间的闭锁装置：司机未接到工作执行信号不能开车；应同时设有解除这项闭锁的装置；该装置未经许可，司机不应擅自动用。

6.3.5.11 提升系统除应装设6.3.5.10所述基本保护和联锁装置外，还应设置下列保护和联锁装置：

——高压换向器（或全部电气设备）的隔墙（或围栅）门与油断路器之间的联锁；

——安全制动时不能接通电动机电源、工作闸抱紧时电动机不能加速的联锁；

——直流控制电源的失压保护；

——高压换向器的电弧闭锁；

——控制屏加速接触器主触头的失灵闭锁；

——提升机卷筒直径在3 m以上的，应设松绳保护；

——采用能耗制动时，高压换向器与直流接触器间，应有电弧闭锁；

——直流主电动机回路的接地保护；

——在制动状态下，主电动机的过电流保护；

——主电动机的通风机故障或主电动机温升超过额定值的联锁；

——可控硅整流装置通风机故障的联锁；

——尾绳工作不正常的联锁；

——装卸载机构运行不到位或平台控制不正常的联锁；

——装矿设施不正常及超载过限的联锁；

——深度指示器调零装置失灵、摩擦式提升机位置同步未完成的联锁；

——摇台或托台工作状态的联锁；

——井口及各中段安全门未关闭的联锁。

6.3.5.12 提升机控制系统，除应满足正常提升要求外，还应满足下列运行工作状态的要求：

——低速检查井筒及钢丝绳，运行速度应不超过0.3 m/s；

——调换工作中段；

——低速下放大型设备或长材料，运行速度应不超过0.5 m/s。

6.3.5.13 提升设备应有能独立操纵的工作制动和安全制动两套制动系统，其操纵系统应设在司机操纵台。

安全制动装置，除可由司机操纵外，还应能自动制动。制动时，应能使提升机的电动机自动断电。

提升速度不超过4 m/s、卷筒直径小于2 m的提升设备，如工作闸带有重锤，允许司机用体力操作。其他情况下，应使用机械传动的、可调整的工作闸。

提升能力在10 t以下的凿井用绞车，可采用手动安全闸。

6.3.5.14 提升设备应有定车装置，以便调整卷筒位置和检修制动装置。

6.3.5.15 在井筒内用以升降水泵或其他设备的手摇绞车，应装有制动闸、防止逆转装置和双重转速装置。

6.3.5.16 安全制动装置的空动时间（自安全保护回路断电时起至闸瓦刚接触闸轮或闸盘的时间）：压缩空气驱动闸瓦式制动闸，应不超过0.5 s；储能液压驱动闸瓦式制动闸，应不超过0.6 s；盘式制动闸，应不超过0.3 s。对于斜井提升，为了保证上提紧急制动不发生松绳而应延时制动时，空动时间可适当延长。

安全制动时，杠杆和闸瓦不应发生显著的弹性摆动。

6.3.5.17 竖井和倾角大于30°的斜井的提升设备，安全制动时的减速度应满足：满载下放时应不小于1.5 m/s^2，满载提升时应不大于5 m/s^2。

倾角30°以下的井巷，安全制动时的减速度应满足：满载下放时的制动减速度应不小于0.75 m/s^2，满载提升时的制动减速度应不大于按式（6）计算的自然减速度 A_0（m/s^2）。

$$A_0 = g(\sin\theta + f\cos\theta) \qquad (6)$$

式中 g——重力加速度，m/s^2；

θ——井巷倾角，(°)；

f——绳端荷载的运动阻力系数，一般取0.010～0.015。

摩擦轮式提升装置，常用闸或保险闸发生作用时，全部机械的减速度不得超过钢丝绳的滑动极限。

满载下放时，应检查减速度的最低极限；满载提升时，应检查减速度的最高极限。

6.3.5.18 提升机紧急制动和工作制动时所产生的力矩，与实际提升最大静荷载产生的旋转力矩之比 K，应不小于3。质量模数较小的绞车，上提重载安全制动的减速度超过6.3.5.17所规定的限值时，可将安全制动装置的 K 值适当降低，但应不小于2。

凿井时期，升降物料用的提升机，K 值应不小于2。

调整双卷筒绞车卷筒旋转的相对位置时，应在无负荷情况下进行。制动装置在各卷筒闸轮上所产生的力矩，应不小于该卷筒所悬质量（钢丝绳质量与提升容器质量之和）形成的旋转力矩的1.2倍。

计算制动力矩时，闸轮和闸瓦摩擦系数应根据实测确定，一般采用0.30～0.35；常用闸和保险闸的力矩，应分别计算。

6.3.5.19 盘式制动器的闸瓦与制动盘的接触面积，应大于制动盘面积的60%；应经常检查调整闸瓦与制动盘的间隙，保持在1 mm左右，且应不大于2 mm。

液压离合器的油缸不应漏油。盘式制动器的闸盘上不应有油污，每班至少检查1次，发现油污应及时停车处理。

6.3.5.20 多绳摩擦提升系统，两提升容器的中心距小于主导轮直径时，应装设导向轮；主导轮上钢丝绳围包角应不大于200°。

6.3.5.21 多绳摩擦提升系统，静防滑安全系数应大于1.75；动防滑安全系数，应大于1.25；重载侧和空载侧的静张力比，应小于1.5。

6.3.5.22 多绳摩擦提升机采用弹簧支承的减速器时，各支承弹簧应受力均匀；弹簧的疲劳和永久变形每年应至少检查1次，其中有1根不合格，均应按性能要求予以更换。

6.3.5.23 提升设备应装设下列仪表：

——提升速度4 m/s以上的提升机，应装设速度指示器或自动速度记录仪；

——电压表和电流表；

——指示制动系统的气压表或油压表以及润滑油压表。

6.3.5.24 在交接班、人员上下井时间内，非计算机控制的提升机，应由正司机开车，副司机在场监护。每班升降人员之前，应先开1次空车，检查提升机的运转情况，并将检查结果记录存档。连续运转时，可不受此限。

发生故障时，司机应立即向矿机电部门和调度报告，并应记录停车时间、故障原因、修复时间和所采取的措施。

6.3.5.25 主要提升装置，应由有资质的检测检验机构按规定的检测周期进行检测。检测项目如下：

——6.3.5.10、6.3.5.11所规定的各种安全保护装置；

——天轮的垂直度和水平度，有无轮缘变形和轮辐弯曲现象；

——电气传动装置和控制系统的情况；

——各种保护、调整和自动记录装置（仪表），以及深度指示器等的动作状况和准确、精密程度；

——工作制动和安全制动的工作性能，并验算其制动力矩，测定安全制动的速度；

——井塔或井架的结构、腐蚀和震动；
——防坠器、防过卷装置、罐道、装卸矿设施等。
对检测发现的问题，矿山企业应提出整改措施，限期整改。
6.3.5.26 提升装置，应备有下列技术资料：
——提升机说明书；
——提升机总装配图和备件图；
——制动装置的结构图和制动系统图；
——电气控制原理系统图；
——提升系统图；
——设备运转记录；
——检验和更换钢丝绳的记录；
——大、中、小修记录；
——岗位责任制和操作规程；
——司机班中检查和交接班记录；
——主要装置（包括钢丝绳、防坠器、天轮、提升容器、罐道等）的检查记录。
制动系统图、电气控制原理图、提升机的技术特征、提升系统图、岗位责任制和操作规程等，应悬挂在提升机室内。

第二章　庆发矿业副井提升系统与《规程》的对应

霍邱县庆发矿业有限公司依据《规程》的相关规定，总结并列出了副井提升系统标准化检查项目（规程部分），见表1-2-1。

表1-2-1　副井提升系统标准化检查项目（规程部分）

项目		通用部分						庆发矿业符合情况
条款号	内容	检查依据	检查依据说明	存档地方	检查方式	检查周期	岗位职责	检查依据
6.3.3	竖井提升							
6.3.3.1	垂直深度超过50 m的竖井用作人员出入口时，应采用罐笼或电梯升降人员	1.《霍邱县庆发矿业有限公司张家夏楼铁矿1.3 Mt/a采选工程初步设计》 2. 现场确认	此项是在设计建设验收阶段应完成的检查内容	机动科	检查基础资料	一次性收集齐全建档备查	机动科	1.《霍邱县庆发矿业有限公司张家夏楼铁矿1.3 Mt/a采选工程初步设计》结论部分 2. 现场罐笼影印资料
6.3.3.2	用于升降人员和物料的罐笼，应符合GB 16542的规定	1. 罐笼合格证 2. 矿安标志证书	此项由设备厂家提供	机动科	检查基础资料	产品到货验收合格，一次性收集齐建档备查	机动科、车间	1. 罐笼合格证 2. 矿安标志证书
6.3.3.3	建井期间临时升降人员的罐笼，若无防坠器，应制定切实可行的安全措施，并报主管矿长批准	1. 经主管领导批准的安全运行措施 2. 建井期间的井口管理制度、提升管理制度、信号管理制度、检查维护制度	此项由建井期间施工单位提供	基建科	检查基础资料	一次性收集齐全建档备查	基建科	无

表1-2-1(续)

项目		通用部分						庆发矿业符合情况
条款号	内容	检查依据	检查依据说明	存档地方	检查方式	检查周期	岗位职责	检查依据
6.3.3.4	同一层罐笼不应同时升降人员和物料。升降爆破器材时，负责运输的爆破作业人员应通知中段（水平）信号工和提升机司机，并跟罐监护	《乘罐管理制度》《提升机司机安全技术操作规程》《信号工安全技术操作规程》《拥罐工安全技术操作规程》《提升机司机操作手册》《信号工操作手册》《拥罐工操作手册》	此项是设备运行时提升机司机、信号工、拥罐工必须掌握的应知应会的内容	机动科、车间	检查相关制度	制度编制后一次性建档	机动科、车间	《运行车间副井提升管理制度》《乘罐管理制度》《提升机司机安全技术操作规程》《信号工安全技术操作规程》《拥罐工安全技术操作规程》《提升机司机操作手册》《信号工操作手册》《拥罐工操作手册》
6.3.3.5	无隔离设施的混合井，在升降人员的时间内，箕斗提升系统应中止运行	1.《霍邱县庆发矿业有限公司张家夏楼铁矿1.3 Mt/a采选工程初步设计》 2. 竣工图纸 3.《乘罐管理制度》《提升机司机岗位操作规程》《信号工安全操作规程》《拥罐工安全操作规程》《提升机司机操作手册》《信号工操作手册》《拥罐工操作手册》	此项是设备运行时提升机司机、信号工、拥罐工必须掌握的应知应会的内容	机动科、车间	检查相关资料、制度和手指口述现场操作	一次性收集齐全建档备查	机动科、车间	无
6.3.3.6	罐笼的最大载重量和量大载人数量，应在井口公布，不应超载运行	1.《霍邱县庆发矿业有限公司张家夏楼铁矿1.3 Mt/a采选工程初步设计》 2. 罐笼图纸 3. 现场公示牌	此项是在设备投运前应完成的检查内容	机动科、车间	检查基础资料	一次性收集齐全建档备查	机动科、车间	1.《霍邱县庆发矿业有限公司张家夏楼铁矿1.3 Mt/a采选工程初步设计》结论部分 2. 罐笼图纸 3. 公示牌影印资料

表1-2-1（续）

项目		通用部分						庆发矿业符合情况
条款号	内容	检查依据	检查依据说明	存档地方	检查方式	检查周期	岗位职责	检查依据
6.3.3.7	竖井提升应符合下列规定： ——提升容器和平衡锤，应沿罐道运行	现场确认	此项现场确认最直观	机动科、车间	现场检查	随时备查	机动科、车间	1. 现场确认 2. 影印资料
	——提升容器的罐道，应采用木罐道、型钢罐道或钢丝绳罐道	1. 竣工图纸 2. 现场确认	此项是在设计建设验收阶段应完成的检查内容	机动科	检查基础资料	一次性收集齐全建档备查	机动科、车间	1. 竣工图纸 2. 影印资料
	——竖井内用带平衡锤的单罐笼升降人员或物料时，平衡锤的质量应符合设计要求，平衡锤和罐笼用的钢丝绳规格应相同，并应做同样的检查和试验	1.《霍邱县庆发矿业有限公司张家夏楼铁矿1.3 Mt/a采选工程初步设计》 2. 平衡锤图纸 3. 钢丝绳检测报告	此项是在设计建设验收阶段应完成的检查内容	机动科	检查基础资料	一次性收集齐全建档备查	机动科、车间	无
6.3.3.8	提升容器的导向槽（器）与罐道之间的间隙，应符合下列规定： ——木罐道，每侧应不超过10 mm	安装验收资料或现场测量确认	此项是在设计建设验收阶段应完成的检查内容	机动科	检查基础资料	一次性收集齐全建档备查	机动科、车间	无
	——钢丝绳罐道，导向器内径应比罐道绳直径大2~5 mm	安装验收资料或现场测量确认	此项是在设计建设验收阶段应完成的检查内容	机动科	检查基础资料	一次性收集齐全建档备查	机动科、车间	无
	——型钢罐道不采用滚轮罐耳时，滑动导向槽每侧间隙不应超过5 mm	安装验收资料或现场测量确认	此项是在设计建设验收阶段应完成的检查内容	机动科	检查基础资料	一次性收集齐全建档备查	机动科、车间	《提升容器的导向槽（器）与罐道之间的间隙安装确认表》
	——型钢罐道采用滚轮罐耳时，滑动导向槽每侧间隙应保持10~15 mm	安装验收资料或现场测量确认	此项是在设计建设验收阶段应完成的检查内容	机动科	检查基础资料	一次性收集齐全建档备查	机动科、车间	《提升容器的导向槽（器）与罐道之间的间隙安装确认表》

表 1-2-1（续）

项　目		通　用　部　分						庆发矿业符合情况
条款号	内　容	检查依据	检查依据说明	存档地方	检查方式	检查周期	岗位职责	检查依据
6.3.3.9	导向槽（器）和罐道，其间磨损达到下列程度，均应予以更换： ——木罐道的一侧磨损超过 15 mm	钳工周期性检查表	此项是日常运行维护需要检查的内容	车间	检查基础资料	季度检	车间	无
	——导向槽的一侧磨损超过 8 mm	钳工周期性检查表	此项是日常运行维护需要检查的内容	车间	检查基础资料	季度检	车间	《副井提升系统钳工周期性工作检查表》
	——钢罐道和容器导向槽同一侧总磨损量达到 10 mm	钳工周期性检查表	此项是日常运行维护需要检查的内容	车间	检查基础资料	季度检	车间	《副井提升系统钳工周期性工作检查表》
	——钢丝绳罐道表面钢丝在一个捻距内断丝超过 15%；封闭钢丝绳的表面钢丝磨损超过 50%；导向器磨损超过 8 mm	钳工周期性检查表	此项是日常运行维护需要检查的内容	车间	检查基础资料	季度检	车间	无
	——型钢罐道任一侧壁厚磨损超过原厚度的 50%	钳工周期性检查表	此项是日常运行维护需要检查的内容	车间	检查基础资料	季度检	车间	《副井提升系统钳工周期性工作检查表》
6.3.3.10	竖井内提升容器之间、提升容器与井壁或罐道梁之间的最小间隙，应符合表 6 规定	竣工资料	此项是在设计建设验收阶段应完成的检查内容	机动科	检查基础资料	一次性收集齐全建档备查	机动科	竖井内提升容器之间以及提升容器最突出部分和井壁、罐道梁、井梁之间的最小间隙确认表
	罐道钢丝绳的直径应不小于 28 mm；防撞钢丝绳的直径应不小于 40 mm	1.《霍邱县庆发矿业有限公司张家夏楼铁矿 1.3 Mt/a 采选工程初步设计》 2. 罐道钢丝绳合格证	此项是在设计建设验收阶段应完成的检查内容	机动科	检查基础资料	一次性收集齐全建档备查	机动科	无

表 1-2-1（续）

项目		通用部分						庆发矿业符合情况
条款号	内容	检查依据	检查依据说明	存档地方	检查方式	检查周期	岗位职责	检查依据
6.3.3.10	凿井时，两个提升容器的钢丝绳罐道之间的间隙，应不小于 250 + H/3（H 为以米为单位的井筒深度的数值）mm，且应不小于 300 mm	现场测量确认	此项是在建井阶段应保证的内容。由施工单位提供	基建科	检查基础资料	一次性收集齐全建档备查	基建科	无
6.3.3.11	钢丝绳罐道，应优先选用密封式钢丝绳。每根罐道绳的最小刚性系数应不小于 500 N/m。各罐道绳张紧力应相差 5% ~10%，内侧张紧力大，外侧张紧力小	1.《霍邱县庆发矿业有限公司张家夏楼铁矿1.3 Mt/a采选工程初步设计》 2. 电钳工周期性检查表 3. 设备检修记录	此项是在设计建设验收阶段和平时运行应完成的检查内容	机动科	检查基础资料	季度检	机动科、车间	无
	井底应设罐道钢丝绳的定位装置。拉紧重锤的最低位置到井底水窝最高水面的距离，应不小于 1.5 m。应有清理井底粉矿及泥浆的专用斜井、联络道或其他形式的清理设施	1. 竣工图纸 2. 钳工周期性检查表	此项是在设计建设验收阶段和平时检查应完成的检查内容	机动科、车间	检查基础资料和车间检查记录	一次性收集齐全相关资料、记录备查	机动科、车间	无
	采用多绳摩擦提升机时，粉矿仓应设在尾绳之下，粉矿仓顶面距离尾绳最低位置应不小于 5 m。穿过粉矿仓底的罐道钢丝绳，应用隔离套筒予以保护	1. 竣工图纸 2. 粉矿回收岗位责任制	此项是在设计建设验收阶段应完成的检查内容	机动科、车间	检查基础资料	一次性收集齐全建档备查	机动科、车间	无
	从井底车场轨面至井底固定托罐梁面的垂高应不小于过卷高度，在此范围内不应有积水	1. 竣工图纸 2. 钳工周期性检查表	此项是在设计建设验收阶段和平时运行应完成的检查内容	机动科、车间	检查基础资料和车间检查记录	收集齐全相关资料、记录备查	机动科、车间	无

表1-2-1（续）

项目		通用部分						庆发矿业符合情况
条款号	内容	检查依据	检查依据说明	存档地方	检查方式	检查周期	岗位职责	检查依据
6.3.3.12	罐道钢丝绳应有20～30 m备用长度；罐道的固定装置和拉紧装置应定期检查，及时串动和转动罐道钢丝绳	1. 安装验收资料或现场确认 2. 钳工周期性检查表 3. 设备检修记录	此项是在设计建设验收阶段和平时运行应完成的检查内容	机动科、车间	检查基础资料	月检	机动科、车间	无
6.3.3.13	天轮到提升机卷筒的钢丝绳最大偏角，应不超过1°30′	安装验收资料	此项是在设计建设验收阶段应完成的检查内容。此项是缠绕式提升机的规定	机动科	检查基础资料	一次性收集齐全建档备查	机动科	无
	天轮轮槽剖面的中心线，应与轮轴中心线垂直。不应有轮缘变形、轮辐弯曲和活动等现象	提升机合格证	此项是在交货验收阶段应完成的检查内容	机动科	检查基础资料	一次性收集齐全建档备查	机动科	提升机合格证
6.3.3.14	采用扭转钢丝绳作多绳摩擦提升机的首绳时，应按左右捻相间的顺序悬挂，悬挂前，钢丝绳应除油。腐蚀性严重的矿井，钢丝绳除油后应涂增摩脂	1. 《霍邱县庆发矿业有限公司张家夏楼铁矿1.3 Mt/a采选工程初步设计》 2. 钢丝绳合格证 3. 现场确认	此项是在设计安装前应完成的检查内容	机动科	检查基础资料	一次性收集齐全建档备查	机动科	1. 《霍邱县庆发矿业有限公司张家夏楼铁矿1.3 Mt/a采选工程初步设计》结论部分 2. 钢丝绳合格证 3. 现场安装的影印资料
	若用扭转钢丝绳作尾绳，提升容器底部应设尾绳旋转装置，挂绳前，尾绳应破劲	1. 《霍邱县庆发矿业有限公司张家夏楼铁矿1.3 Mt/a采选工程初步设计》 2. 钢丝绳合格证 3. 现场确认	此项是在设计建设验收阶段应完成的检查内容	机动科	检查基础资料	一次性收集齐全建档备查	机动科	1. 《霍邱县庆发矿业有限公司张家夏楼铁矿1.3 Mt/a采选工程初步设计》结论部分 2. 钢丝绳合格证 3. 现场安装的影印资料
	井筒内最低装矿点的下面，应设尾绳隔离装置	1. 竣工图纸 2. 现场确认	此项是在设计建设验收阶段应完成的检查内容	机动科	检查基础资料	一次性收集齐全建档备查	机动科	无

表1-2-1（续）

项目		通用部分						庆发矿业符合情况
条款号	内容	检查依据	检查依据说明	存档地方	检查方式	检查周期	岗位职责	检查依据
6.3.3.15	运转中的多绳摩擦提升机，应每周检查一次首绳的张力，若各绳张力反弹波时间差超过10%，应进行调绳	1. 钳工周检表 2. 设备检修记录	此项是日常运行维护需要检查的内容	车间	检查基础资料	周检	车间	1.《副井提升系统钳工周检表》 2. 设备检修记录
	对主导轮和导向轮的摩擦衬垫，应视其磨损情况及时车削绳槽。绳槽直径差应不大于0.8 mm。衬垫磨损达2/3，应及时更换	1. 钳工周期性检查表 2. 设备检修记录	此项是日常运行维护需要检查的内容	车间	检查基础资料	半年检	车间	1.《副井提升系统钳工周期性工作检查表》 2. 设备检修记录
6.3.3.16	采用钢丝绳罐道的罐笼提升系统，中间各中段应设稳罐装置	1. 竣工图纸 2. 现场确认	此项是在设计建设验收阶段应完成的检查内容	机动科	检查基础资料	一次性收集齐全建档备查	机动科	无
6.3.3.17	采用钢丝绳罐道的单绳提升系统，两根主提升钢丝绳应采用不旋转钢丝绳	1.《霍邱县庆发矿业有限公司张家夏楼铁矿1.3 Mt/a采选工程初步设计》 2. 钢丝绳合格证	此项是在设计建设验收阶段应完成的检查内容，是对缠绕式提升机的规定	机动科	检查基础资料	一次性收集齐全建档备查	机动科	无
6.3.3.18	不应用普通箕斗升降人员。遇特殊情况需要使用普通箕斗或急救罐升降人员时，应采取经主管矿长批准的安全措施	经主管矿长批准的安全措施	此项是特殊情况下的临时措施，由安全管理科提供	安全管理科	检查基础资料	发生情况前收集全资料建档备查	安全管理科	无

表1-2-1（续）

项目		通用部分						庆发矿业符合情况
条款号	内容	检查依据	检查依据说明	存档地方	检查方式	检查周期	岗位职责	检查依据
6.3.3.19	人员站在空提升容器的顶盖上检修、检查井筒时，应有下列安全防护措施： ——应在保护伞下作业； ——应佩戴安全带，安全带应牢固地绑在提升钢丝绳上； ——检查井筒时，升降速度应不超过0.3 m/s； ——容器上应设专用信号联系装置； ——井口及各中段马头门，应设专人警戒，不应下坠任何物品	提升容器顶部作业专项措施	此项是提升容器顶部作业时应保证的措施，由作业单位提供	机动科、车间	检查基础资料	收集全资料建档备查	车间	提升容器顶部作业专项措施
6.3.3.20	竖井罐笼提升系统的各中段马头门，应根据需要使用摇台。除井口和井底允许设置托台外，特殊情况下也允许在中段马头门设置自动托台。摇台、托台应与提升机闭锁	1. 竣工图纸 2. 电控图纸 3. 现场确认	此项是在设计建设验收阶段应完成的检查内容	机动科	检查基础资料	一次性收集齐全建档备查	机动科、车间	1. 竣工图纸 2. 电控图纸 3. 现场确认
6.3.3.21	竖井提升系统应设过卷保护装置，过卷高度应符合下列规定： ——提升速度低于3 m/s时，不小于4 m； ——提升速度为3～6 m/s时，不小于6 m； ——提升速度高于6 m/s、低于或等于10 m/s时，不小于最高提升速度下运行1 s的提升高度； ——提升速度高于10 m/s时，不小于10 m； ——凿井期间用吊桶提升时，不小于4 m	竣工图纸	此项是在设计建设验收阶段应完成的检查内容	机动科、车间	检查基础资料	一次性收集齐全建档备查	机动科、车间	竣工图纸

表 1－2－1（续）

项目		通用部分						庆发矿业符合情况
条款号	内容	检查依据	检查依据说明	存档地方	检查方式	检查周期	岗位职责	检查依据
6.3.3.22	提升井架（塔）内应设置过卷挡梁和楔形罐道。楔形罐道的楔形部分的斜度为1%，其长度（包括较宽部分的直线段）应不小于过卷高度的2/3，楔形罐道顶部需设封头挡梁	竣工图纸	此项是在设计建设验收阶段应完成的检查内容	机动科、车间	检查基础资料	一次性收集齐全建档备查	机动科、车间	竣工图纸
	多绳摩擦提升时，井底楔形罐道的安装位置，应使下行容器比上提容器提前接触楔形罐道，提前距离应不小于1 m	竣工图纸	此项是在设计建设验收阶段应完成的检查内容	机动科	检查基础资料	一次性收集齐全建档备查	机动科	竣工图纸
	单绳缠绕式提升时，井底应设简易缓冲式防过卷装置，有条件的可设楔形罐道	竣工图纸	此项是在设计建设验收阶段应完成的检查内容	机动科	检查基础资料	一次性收集齐全建档备查	机动科	无
6.3.3.23	提升系统的各部分，包括提升容器、连接装置、防坠器、罐耳、罐道、阻车器、罐座、摇台（或托台）、装卸矿设施、天轮和钢丝绳，以及提升机的各部分，包括卷筒、制动装置、深度指示器、防过卷装置、限速器、调绳装置、传动装置、电动机和控制设备以及各种保护装置和闭锁装置等，每天应由专职人员检查1次，每月应由矿机电部门组织有关人员检查1次；发现问题应立即处理，并将检查结果和处理情况记录存档	《钳工日常点检表》《钳工周期性工作检查表》《电工日常点检表》《电工周期性工作检查表》《提升机司机日常点检表》《信号工日常点检表》《钢丝绳检测记录表》《设备故障记录》《设备检修记录》	此项是日常运行维护需要检查的内容	机动科、车间	检查基础资料	随时备查	机动科、车间	《副井提升系统钳工日常点检表》《副井提升系统钳工周检表》《副井提升系统钳工周期性工作检查表》《副井提升系统电工日常点检表》《副井提升系统电工月检表》《副井提升系统提升机司机日常点检表》《副井提升系统信号（拥罐）工日常点检表》《副井提升系统钢丝绳检测记录》《提升机闸间隙检测记录》《设备故障记录》《设备检修记录》

表1-2-1（续）

项目		通用部分						庆发矿业符合情况
条款号	内容	检查依据	检查依据说明	存档地方	检查方式	检查周期	岗位职责	检查依据
6.3.3.24	钢筋混凝土井架、钢井架和多绳提升机井塔，每年应检查1次；木质井架，每半年应检查1次。检查结果应写成书面报告，发现问题应及时解决	书面报告	此项是周期性需要检查的内容	机动科、车间	检查基础资料	年检	机动科、车间	书面报告
6.3.3.25	井口和井下各中段马头门车场，均应设信号装置。各中段发出的信号应有区别。 乘罐人员应在距井筒5 m以外候罐，应严格遵守乘罐制度，听从信号工指挥。 提升机司机应弄清信号用途，方可开车	1. 电控图纸 2.《乘罐管理制度》 3.《提升机司机安全技术操作规程》 4.《信号工（拥罐工）安全技术操作规程》	此项是在设计建设验收阶段和日常乘罐时应完成的内容	机动科、车间	检查基础资料	一次性收集齐全建档备查	机动科、车间	1. 电控图纸 2.《乘罐管理制度》 3.《提升机司机安全技术操作规程》 4.《信号工（拥罐工）安全技术操作规程》
6.3.3.26	罐笼提升系统，应设有能从各中段发给井口总信号工转达提升机司机的信号装置。井口信号与提升机的启动，应有闭锁关系，并应在井口与提升机司机之间设辅助信号装置及电话或话筒	1. 电控图纸 2. 现场确认	此项是在设计建设验收阶段应完成的内容	机动科、车间	检查基础资料	一次性收集齐全建档备查	机动科、车间	1. 电控图纸 2. 现场影像资料
	箕斗提升系统，应设有能从各装矿点发给提升机司机的信号装置及电话或话筒。装矿点信号与提升机的启动，应有闭锁关系	1. 电控图纸 2. 现场确认	此项是在设计建设验收阶段应完成的内容	机动科、车间	检查基础资料	一次性收集齐全建档备查	机动科、车间	无

表1-2-1(续)

项目		通用部分						庆发矿业符合情况
条款号	内容	检查依据	检查依据说明	存档地方	检查方式	检查周期	岗位职责	检查依据
6.3.3.26	竖井提升信号系统，应设有下列信号： ——工作执行信号； ——提升中段（或装矿点）指示信号； ——提升种类信号； ——检修信号； ——事故信号； ——无联系电话时，应设联系询问信号。 竖井罐笼提升信号系统，应符号 GB 16541 的规定	1. 电控图纸 2. 厂家出具符合 GB 16541 的规定的书面材料	此项是在设计建设验收阶段应完成的内容	机动科、车间	检查基础资料	一次性收集齐全建档备查	机动科、车间	1. 电控图纸 2. 厂家出具符合 GB 16541 的规定的书面材料
6.3.3.27	事故紧急停车和用箕斗提升矿石或废石，井下各中段可直接向提升机司机发出信号。用罐笼提升矿石或废石，应经井口总信号工同意，井下各中段方可直接向提升机司机发出信号	电控图纸	此项是在设计建设验收阶段应完成的内容	机动科、车间	检查基础资料	一次性收集齐全建档备查	机动科、车间	无
6.3.3.28	所有升降人员的井口及提升机室，均应悬挂下列布告牌： ——每班上下井时间表； ——信号标志； ——每层罐笼允许乘罐的人数； ——其他有关升降人员的注意事项	现场确认	此项是设备投运前需要准备和检查的内容	机动科、车间	现场检查	随时备查	机动科、车间	1. 影像资料 2. 现场确认
6.3.3.29	清理竖井井底水窝时，上部中段应设保护设施，以免物体坠落伤人	井底水窝清理专项措施	此项是专项措施，由清理水窝的单位提供	机动科、车间	检查基础资料	收集齐全建档备查	机动科、车间	井底水窝清理专项措施

表1-2-1（续）

项目		通用部分						庆发矿业符合情况
条款号	内容	检查依据	检查依据说明	存档地方	检查方式	检查周期	岗位职责	检查依据
6.3.4	钢丝绳和连接装置							
6.3.4.1	除用于倾角30°以下的斜井提升物料的钢丝绳外，其他提升钢丝绳和平衡钢丝绳，使用前均应进行检验。经过检验的钢丝绳，贮存期应不超过6个月	钢丝绳检测报告	此项是在安装前应完成的内容	机动科	检查基础资料	一次性收集齐全建档备查	机动科	钢丝绳检测报告
6.3.4.2	提升钢丝绳的检验，应使用符合条件的设备和方法进行，检验周期应符合下列要求： ——升降人员或升降人员和物料用的钢丝绳，自悬挂时起，每隔6个月检验1次；有腐蚀气体的矿山，每隔3个月检验1次； ——升降物料用的钢丝绳，自悬挂时起，第一次检验的间隔时间为1年，以后每隔6个月检验1次； ——悬挂吊盘用的钢丝绳，自悬挂时起，每隔1年检验1次	钢丝绳检测报告	此项是对缠绕式提升机的规定	机动科	检查基础资料	检测后收集齐全建档备查	机动科	无
6.3.4.3	提升钢丝绳，悬挂时的安全系数应符合下列规定： 单绳缠绕式提升钢丝绳： ——专作升降人员用的，不小于9； ——升降人员和物料用的，升降人员时不小于9，升降物料时不小于7.5； ——专作升降物料用的，不小于6.5	1.《霍邱县庆发矿业有限公司张家夏楼铁矿1.3 Mt/a采选工程初步设计》 2. 钢丝绳合格证 3. 钢丝绳检测报告	此项是在设计建设验收阶段应完成的内容	机动科	检查基础资料	一次性收集齐全建档备查	机动科	无

表1-2-1（续）

项目		通用部分						庆发矿业符合情况
条款号	内容	检查依据	检查依据说明	存档地方	检查方式	检查周期	岗位职责	检查依据
6.3.4.3	多绳摩擦提升钢丝绳： ——升降人员用的，不小于8； ——升降人员和物料用的，升降人员时不小于8，升降物料时不小于7.5； ——升降物料用的，不小于7； ——作罐道或防撞绳用的，不小于6	1.《霍邱县庆发矿业有限公司张家夏楼铁矿1.3 Mt/a采选工程初步设计》 2. 钢丝绳合格证 3. 钢丝绳检测报告	此项是在设计阶段应完成的内容	机动科	检查基础资料	一次性收集齐全建档备查	机动科	1.《霍邱县庆发矿业有限公司张家夏楼铁矿1.3 Mt/a采选工程初步设计》 2. 钢丝绳合格证 3. 钢丝绳检测报告
6.3.4.4	使用中的钢丝绳，定期检验时安全系数为下列数值的，应更换： ——专作升降人员用的，小于7； ——升降人员和物料用的，升降人员时小于7，升降物料时小于6； ——专作升降物料和悬挂吊盘用的，小于5	钢丝绳检测报告	此项是对缠绕式提升机的规定	机动科	检查基础资料	检测后收集齐全建档备查	机动科	无
6.3.4.5	新钢丝绳悬挂前，应对每根钢丝做拉断、弯曲和扭转3种试验，并以公称直径为准对试验结果进行计算和判定：不合格钢丝的断面积与钢丝总断面积之比达到6%，不应用于升降人员；达到10%，不应用于升降物料；以合格钢丝拉断力总和为准算出的安全系数，如小于本规程6.3.4.3的规定时，不应使用该钢丝绳	钢丝绳检测报告	此项是在安装前应完成的内容	机动科	检查基础资料	检测后收集齐全建档备查	机动科	钢丝绳检测报告
	使用中的钢丝绳，可只做每根钢丝的拉断和弯曲2种试验。试验结果，仍以公称直径为准进行计算和判定：不合格钢丝的断面积与钢丝总断面积之比达到25%时，应更换；以合格钢丝拉断力总和为准算出的安全系数，如小于本规程6.3.4.4的规定时，应更换	钢丝绳检测报告	此项是对缠绕式提升机的规定	机动科	检查基础资料	检测后收集齐全建档备查	机动科	无

表1-2-1（续）

项目		通用部分						庆发矿业符合情况
条款号	内容	检查依据	检查依据说明	存档地方	检查方式	检查周期	岗位职责	检查依据
	对提升钢丝绳，除每日进行检查外，应每周进行1次详细检查，每月进行1次全面检查；人工检查时的速度应不高于0.3 m/s，采用仪器检查时的速度应符合仪器的要求。对平衡绳（尾绳）和罐道绳，每月进行1次详细检查。所有检查结果，均应记录存档	《钳工日常点检表》《钳工周期性工作检查表》《钢丝绳检测记录表》	此项是日常运行维护需要检查的内容	车间	检查基础资料	日、周、月检	车间	《副井提升系统钳工日常点检表》《副井提升系统钳工周检表》《副井提升系统钳工周期性工作检查表》《副井提升系统钢丝绳检测记录》
6.3.4.6	钢丝绳一个捻距内的断丝断面积与钢丝总断面积之比，达到下列数值时，应更换： ——提升钢丝绳，5%； ——平衡钢丝绳、防坠器的制动钢丝绳（包括缓冲绳），10%； ——罐道钢丝绳，15%； ——倾角30°以下的斜井提升钢丝绳，10%。 以钢丝绳标称直径为准计算的直径减小量达到下列数值时，应更换： ——提升钢丝绳或制动钢丝绳，10%； ——罐道钢丝绳，15%； 使用密封钢丝绳外层钢丝厚度磨损量达到50%时，应更换	《钢丝绳检测记录表》	此项是日常运行维护需要检查的内容	车间	检查基础资料	周、月检	车间	《副井提升系统钢丝绳检测记录》

表 1-2-1（续）

项目		通用部分						庆发矿业符合情况
条款号	内容	检查依据	检查依据说明	存档地方	检查方式	检查周期	岗位职责	检查依据
6.3.4.7	钢丝绳在运行中遭受到卡罐或突然停车等猛烈拉力时，应立即停止运转，进行检查，发现下列情况之一者，应将受力段切除或更换全绳： ——钢丝绳产生严重扭曲或变形； ——断丝或直径减小量超过本规程6.3.4.6的规定； ——受到猛烈拉力的一段长度伸长0.5%以上。 在钢丝绳使用期间，断丝数突然增加或伸长突然加快，应立即更换	《钢丝绳检测记录表》	此项是出现《规程》描述的情况时需要检查的内容	车间	检查基础资料	根据发生情况进行检查	车间	《副井提升系统钢丝绳检测记录表》
6.3.4.8	钢丝绳的钢丝有变黑、锈皮、点蚀麻坑等损伤时，不应用于升降人员。 钢丝绳锈蚀严重，或点蚀麻坑形成沟纹，或外层钢丝松动时，不论断丝数多少或绳径是否变化，应立即更换	《钢丝绳检测记录表》	此项是日常运行维护需要检查的内容	车间	检查基础资料	周、月检	车间	《副井提升系统钢丝绳检测记录》
6.3.4.9	多绳摩擦提升机的首绳，使用中有1根不合格的，应全部更换	《钢丝绳检测记录表》《设备检修记录》	此项是日常运行维护需要检查的内容	车间	检查基础资料	日、周、月检	车间	《副井提升系统钢丝绳检测记录》《设备检修记录》
6.3.4.10	平衡钢丝绳（尾绳）的长度，应满足罐笼或箕斗过卷的需要。使用圆形平衡钢丝绳时，应有避免平衡钢丝绳扭结的装置。平衡钢丝绳（尾绳）最低处，不应被水淹或渣埋	1. 竣工图纸 2.《钳工周期性检查表》	此项是在设计建设验收阶段和日常维护应完成的内容	机动科、车间	检查基础资料	周检	机动科、车间	1. 竣工图纸 2.《副井提升系统钳工周期性工作检查表》

表1-2-1（续）

项目		通用部分						庆发矿业符合情况
条款号	内容	检查依据	检查依据说明	存档地方	检查方式	检查周期	岗位职责	检查依据
6.3.4.11	单绳提升，钢丝绳与提升容器之间用桃形环连接时，钢丝绳由桃形环上平直的一侧穿入，用不少于5个绳卡（其间距为200～300 mm）与首绳卡紧，然后再卡一视察圈（使用带模块楔紧装置的桃形环除外）。 提升容器应用带拉杆的耳环和保险链（或其他类型的连接装置）分别连接在桃形环上。安装好的保险链，不准有打结现象	竣工资料	此项是设计安装阶段应完成的内容	机动科	检查基础资料	一次性收集齐全建档备查	机动科	无
	多绳提升的钢丝绳用专用桃形绳夹时，回绳头应用2个以上绳卡与首绳卡紧	竣工资料	此项是在设计安装阶段应完成的内容	机动科、车间	检查基础资料	一次性收集齐全建档备查	机动科、车间	无
6.3.4.12	新安装或大修后的防坠器、断绳保险器，应进行脱钩试验，合格后方可使用。 在用竖井罐笼的防坠器，每半年应进行1次清洗和不脱钩试验，每年进行1次脱钩试验。 在用斜井人车的断绳保险器，每日进行1次手动落闸试验，每月进行1次静止松绳落闸试验，每年进行1次重载全速脱钩试验。 防坠器或断绳保险器的各个连接和传动部件，应经常处于灵活状态	脱钩实验记录	此项是日常运行维护需要检查的内容	机动科、车间	检查基础资料	检测后收集齐全建档备查	机动科、车间	无

表1-2-1（续）

项目		通用部分						庆发矿业符合情况
条款号	内容	检查依据	检查依据说明	存档地方	检查方式	检查周期	岗位职责	检查依据
6.3.4.13	连接装置的安全系数,应符合下列规定: ——升降人员或升降人员和物料的连接装置和其他有关部分，不小于13； ——升降物料的连接装置和其他有关部分，不小于10； ——无级绳运输的连接装置,不小于8； ——矿车的连接钩、环和连接杆，不小于6。 计算保险链的安全系数时，假定每条链子都平均地承受容器自重及其荷载，并应考虑链子的倾斜角度	连接装置的合格证	此项是在设计建设验收阶段应完成的内容	机动科	检查基础资料	一次性收集齐全建档备查	机动科	连接装置的合格证
6.3.4.14	井口悬挂吊盘应平稳牢固，吊盘周边至少应均匀布置4个悬挂点。井筒深度超过100 m时，悬挂吊盘用的钢丝绳不应兼作导向绳使用	现场确认	此项是建井时施工的安全措施，由施工单位提供	基建科	检查基础资料	一次性收集齐全建档备查	基建科	无
6.3.4.15	凿井用的钢丝绳和连接装置的安全系数，应符合下列规定: ——悬挂吊盘、水泵、排水管用的钢丝绳，不小于6； ——悬挂风筒、压缩空气管、混凝土浇注管、电缆及拉紧装置用的钢丝绳，不小于5； ——悬挂吊盘、安全梯、水泵、抓岩机的连接装置（钩、环、链、螺栓等），不小于10； ——悬挂风管、水管、风筒、注浆管的连接装置，不小于8； ——吊桶提梁和连接装置的安全系数不小于13	1. 凿井施工方案和安全技术措施 2. 相关计算和合格证	此项是建井时施工安全措施，由施工单位提供	基建科	检查基础资料	一次性收集齐全建档备查	基建科	无

表1-2-1（续）

项　目		通　用　部　分						庆发矿业符合情况
条款号	内　容	检查依据	检查依据说明	存档地方	检查方式	检查周期	岗位职责	检查依据
6.3.5	提升装置							
6.3.5.1	提升装置的天轮、卷筒、主导轮和导向轮的最小直径与钢丝绳直径之比，应符合下列规定： ——摩擦轮式提升装置的主导轮，有导向轮时不小于100，无导向轮时不小于80； ——落地安装的摩擦轮式提升装置的主导轮和天轮不小于100； ——地表单绳提升装置的卷筒和天轮，不小于80； ——井下单绳提升装置和凿井的单绳提升装置的卷筒和天轮，不小于60； ——排土场的提升或运输装置的卷筒和导向轮，不小于50； ——悬挂吊盘、吊泵、管道用绞车的卷筒和天轮，凿井时运料用绞车的卷筒，不小于20； ——其他移动式辅助性绞车视情况而定	1.《霍邱县庆发矿业有限公司张家夏楼铁矿1.3 Mt/a采选工程初步设计》 2. 钢丝绳合格证 3.《金属非金属矿山在用摩擦式提升机安全检验报告》	此项是在设计建设验收阶段应完成的内容	机动科	检查基础资料	一次性收集齐全建档备查	机动科	1.《霍邱县庆发矿业有限公司张家夏楼铁矿1.3 Mt/a采选工程初步设计》 2. 钢丝绳合格证 3.《金属非金属矿山在用摩擦式提升机安全检验报告》
6.3.5.2	提升装置的卷筒、天轮、主导轮、导向轮的最小直径与钢丝绳中最粗钢丝的最大直径之比，应符合下列规定： ——地表提升装置，不小于1200； ——井下或凿井用的提升装置，不小于900； ——凿井期间升降物料的绞车或悬挂水泵、吊盘用的提升装置，不小于300	1.《霍邱县庆发矿业有限公司张家夏楼铁矿1.3 Mt/a采选工程初步设计》 2. 钢丝绳合格证 3.《金属非金属矿山在用摩擦式提升机安全检验报告》	此项是在设计建设验收阶段应完成的内容	机动科	检查基础资料	一次性收集齐全建档备查	机动科	1.《霍邱县庆发矿业有限公司张家夏楼铁矿1.3 Mt/a采选工程初步设计》 2. 钢丝绳合格证 3.《金属非金属矿山在用摩擦式提升机安全检验报告》

表1-2-1（续）

项目		通用部分						庆发矿业符合情况
条款号	内容	检查依据	检查依据说明	存档地方	检查方式	检查周期	岗位职责	检查依据
6.3.5.3	各种提升装置的卷筒缠绕钢丝绳的层数，应符合下列规定： ——竖井中升降人员或升降人员和物料的，宜缠绕单层；专用于升降物料的，可缠绕两层； ——斜井中升降人员或升降人员和物料的，可缠绕两层；升降物料的，可缠绕3层； ——盲井（包括盲竖井、盲斜井）中专用于升降物料的或地面运输用的，可缠绕3层； ——开凿竖井或斜井期间升降人员和物料时，可缠绕两层；深度或斜长超过400 m的，可缠绕3层； ——移动式或辅助性专为提升物料用的，以及凿井期间专为升降物料用的，可多层缠绕	现场确认	此项是对缠绕式提升机的规定	机动科、车间	现场检查	随时备查	机动科、车间	无
6.3.5.4	缠绕两层或多层钢丝绳的卷筒，应符合下列规定： ——卷筒边缘应高出最外一层钢丝绳，其高差不小于钢丝绳直径的2.5倍； ——卷向上应装设带螺旋槽的衬垫，卷筒两端应设有过渡块； ——经常检查钢丝绳由下层转至上层的临界段部分（相当于1/4绳圈长），并统计其断丝数。每季度应将钢丝绳临界段串动1/4绳圈的位置	1. 缠绕式提升机合格证 2. 安装验收资料 3. 钳工周期性检查表 4. 设备检修记录	此项是在设计建设验收阶段和日常维护应完成的内容	机动科、车间	检查基础资料	季度检	机动科、车间	无

表 1-2-1（续）

项目		通用部分						庆发矿业符合情况
条款号	内容	检查依据	检查依据说明	存档地方	检查方式	检查周期	岗位职责	检查依据
6.3.5.5	双筒提升机调绳，应在无负荷情况下进行	1. 调绳方案 2. 设备检修记录	此项是日常运行维护需要检查的内容	机动科、车间	检查基础资料	调绳后收集齐全建档备查	机动科、车间	无
6.3.5.6	在卷筒内紧固钢丝绳，应遵守下列规定： ——卷筒内应设固定钢丝绳的装置，不应将钢丝绳固定在卷筒轴上； ——卷筒上的绳眼，不许有锋利的边缘和毛刺，折弯处不应形成锐角，以防止钢丝绳变形； ——卷筒上保留的钢丝绳，应不小于3圈，以减轻钢丝绳与卷筒连接处的张力 用作定期试验用的补充绳，可保留在卷筒之内或缠绕在卷筒上	1. 缠绕式提升机合格证 2. 安装验收资料 3. 现场确认	此项是在设计建设验收阶段应完成的内容	机动科	检查基础资料	一次性收集齐全建档备查	机动科	无
6.3.5.7	天轮的轮缘应高于绳槽内的钢丝绳，高出部分应大于钢丝绳直径的1.5倍。带衬垫的天轮，衬垫应紧密固定。社垫磨损深度相当于钢丝绳直径，或沿侧面磨损达到钢丝绳直径的一半时，应立即更换	钳工周期性检查表	此项是设计建设验收阶段和日常运行维护需要检查的内容	机动科、车间	检查基础资料	月检	机动科、车间	《副井提升系统钳工周期性工作检查表》

表1-2-1（续）

项目		通用部分						庆发矿业符合情况
条款号	内容	检查依据	检查依据说明	存档地方	检查方式	检查周期	岗位职责	检查依据
6.3.5.8	竖井用罐笼升降人员时，加速度和减速度应不超过 0.75 m/s^2；最高速度应不超过式（4）计算值，且最大应不超过 12 m/s。 $V=0.5\sqrt{H}$　(4) 式中　V——最高速度，m/s； H——提升速度，m。 竖井升降物料时，提升容器的最高速度，应不超过式（5）计算值。 $V=0.6\sqrt{H}$　(5) 式中　V——最高速度，m/s； H——提升高度，m	1. 《霍邱县庆发矿业有限公司张家夏楼铁矿1.3 Mt/a采选工程初步设计》 2. 电控调试报告	此项是在设计建设验收阶段应完成的内容	机动科、车间	检查基础资料	一次性收集齐全建档备查	机动科、车间	1. 《霍邱县庆发矿业有限公司张家夏楼铁矿1.3 Mt/a采选工程初步设计》 2. 电控调试报告
6.3.5.9	吊桶升降人员的最高速度：有导向绳时，应不超过罐笼提升最高速度有1/3；无导向绳时，应不超过1 m/s。 吊桶升降物料的最高速度：有导向绳时，应不超过罐笼提升最高速度的2/3；无导向绳时，应不超过2 m/s	《吊桶运行管理制度》	此项是建井时施工安全措施，由施工单位提供	基建科	检查基础资料	一次性收集齐全建档备查	基建科	无

表 1-2-1（续）

项目		通用部分						庆发矿业符合情况
条款号	内容	检查依据	检查依据说明	存档地方	检查方式	检查周期	岗位职责	检查依据
6.3.5.10	提升装置的机电控制系统，应有下列符合要求的保护与电气闭锁装置： ——限速保护装置：罐笼提升系统最高速度超过 4 m/s 和箕斗提升系统最高速度超过 6 m/s 时，控制提升容器接近预定停车点时的速度应不超过 2 m/s； ——主传动电动机的短路及断电保护装置：保证安全制动及时动作； ——过卷保护装置：安装在井架和深度指示器上；当提升容器或平衡锤超过正常卸载（罐笼为进出车）位置 0.5 m 时，使提升设备自动停止运转，同时实现安全制动；此外，还应设置不能再向过卷方向接通电动机电源的联锁装置； ——过速保护装置：当提升速度超过规定速度的 15% 时，使提升机自动停止运转，实现安全制动； ——过负荷及无电压保护装置：当提升机过负荷或供电中断时，使提升机自动停止运转； ——提升机操纵手柄与安全制动之间的联锁装置：操纵手柄不在“0”位、制动手柄不在抱闸位置时，不能接通安全制动电磁铁电源而解除安全制动 ——闸瓦磨损保护装置：闸瓦磨损超过允许值或制动弹簧（或重锤机构）行程超限时，应有信号显示及安全制动；	1. 电控图纸 2. 电控调试报告 3.《金属非金属矿山在用摩擦式提升机安全检验报告》	此项是在设计建设验收阶段应完成的内容	机动科、车间	检查基础资料	一次性收集齐全建档备查	机动科、车间	1. 电控图纸 2. 电控调试报告 3.《金属非金属矿山在用摩擦式提升机安全检验报告》

表1-2-1（续）

项目		通用部分						庆发矿业符合情况
条款号	内容	检查依据	检查依据说明	存档地方	检查方式	检查周期	岗位职责	检查依据
6.3.5.10	——使用电气制动的，当制动电流消失时，应实现安全制动； ——圆盘式深度指示器自整角机的定子绕组断电时，应实现安全制动 ——圆盘闸制动系统，制动油压过高、或制动油泵电动机断电、或制动闸变形异常时，应实现安全制动； ——润滑系统油压过高、过低或制动油温过高时，应使下一次提升不能进行； ——当提升容器到达两端减速点时，应使提升机自动减速或发出减速信号； ——采用直流电动机传动时，主传动电动机应装设失励磁保护； ——测速回路应有断电保护； ——提升机与信号系统之间的闭锁装置：司机未接到工作执行信号不能开车；应同时设有解除这项闭锁的装置；该装置未经许可，司机不应擅自动用	1. 电控图纸 2. 电控调试报告； 3.《金属非金属矿山在用摩擦式提升机安全检验报告》	此项是在设计建设验收阶段应完成的内容	机动科、车间	检查基础资料	一次性收集齐全建档备查	机动科、车间	1. 电控操作说明书 2. 电控图纸
6.3.5.11	提升系统除应装设6.3.5.10所述基本保护和联锁装置外，还应设置下列保护和联锁装置： ——高压换向器（或全部电气设备）的隔墙（或围栅）门与油断路器之间的联锁； ——安全制动时不能接通电动机电源、工作闸抱紧时电动机不能加速的联锁；	1. 电控图纸 2. 电控调试报告 3.《金属非金属矿山在用摩擦式提升机安全检验报告》	此项是在设计建设验收阶段应完成的内容	机动科、车间	检查基础资料	一次性收集齐全建档备查	机动科、车间	1. 电控图纸 2. 电控调试报告 3.《金属非金属矿山在用摩擦式提升机安全检验报告》

表1-2-1（续）

项目		通用部分						庆发矿业符合情况
条款号	内容	检查依据	检查依据说明	存档地方	检查方式	检查周期	岗位职责	检查依据
6.3.5.11	——直流控制电源的失压保护； ——高压换向器的电弧闭锁； ——控制屏加速接触器主触头的失灵闭锁； ——提升机卷筒直径在3 m以上的，应设松绳保护； ——采用能耗制动时，高压换向器与直流接触器间，应有电弧闭锁； ——直流主电动机回路的接地保护； ——在制动状态下，主电动机的过电流保护； ——主电动机的通风机故障或主电动机温升超过额定值的联锁； ——可控硅整流装置通风机故障的联锁； ——尾绳工作不正常的联锁； ——装卸载机构运行不到位或平台控制不正常的联锁； ——装矿设施不正常及超载过限的联锁； ——深度指示器调零装置失灵、摩擦式提升机位置同步未完成的联锁； ——摇台或托台工作状态的联锁； ——井口及各中段安全门未关闭的联锁	1. 电控图纸 2. 电控调试报告 3.《金属非金属矿山在用摩擦式提升机安全检验报告》	此项是在设计建设验收阶段应完成的内容	机动科、车间	检查基础资料	一次性收集齐全建档备查	机动科、车间	1. 电控图纸 2. 电控调试报告 3.《金属非金属矿山在用摩擦式提升机安全检验报告》

表 1-2-1（续）

项目		通用部分						庆发矿业符合情况
条款号	内容	检查依据	检查依据说明	存档地方	检查方式	检查周期	岗位职责	检查依据
6.3.5.12	提升机控制系统，除应满足正常提升要求外，还应满足下列运行工作状态的要求： ——低速检查井筒及钢丝绳，运行速度应不超过 0.3 m/s； ——调换工作中段； ——低速下放大型设备或长材料，运行速度应不超过 0.5 m/s	1. 电控图纸 2. 电控调试报告	此项是在设计建设验收阶段应完成的内容	机动科、车间	检查基础资料	一次性收集齐全建档备查	机动科、车间	1. 电控图纸 2. 电控调试报告
	提升设备应有能独立操纵的工作制动和安全制动两套制动系统，其操纵系统应设在司机操作台	1. 液压站使用说明书 2. 现场确认	此项是在设计建设验收阶段应完成的内容	机动科、车间	检查基础资料	一次性收集齐全建档备查	机动科、车间	1. 液压站使用说明书 2. 现场检查
6.3.5.13	安全制动装置，除可由司机操纵外，还应能自动制动。制动时，应能使提升机的电动机自动断电	电控图纸	此项是在设计建设验收阶段应完成的内容	机动科、车间	检查基础资料	一次性收集齐全建档备查	机动科、车间	电控图纸
	提升速度不超过 4 m/s、卷筒直径小于 2 m 的提升设备，工作闸带有重锤，允许司机用体力操作。其他情况下，应使用机械传动的、可调整的工作闸	1. 提升机使用说明书 2. 现场确认	此项是在设计建设验收阶段应完成的内容	机动科	检查基础资料	一次性收集齐全建档备查	机动科	无

表1-2-1（续）

项目		通用部分						庆发矿业符合情况
条款号	内容	检查依据	检查依据说明	存档地方	检查方式	检查周期	岗位职责	检查依据
6.3.5.13	提升能力在10 t以下的凿井用绞车，可采用手动安全闸	1. 凿井绞车使用说明书 2. 现场确认	此项是建井期间应保证的内容，由施工单位提供	基建科	检查基础资料	一次性收集齐全建档备查	基建科	无
6.3.5.14	提升设备应有定车装置，以便调整卷筒位置和检修制动装置	现场确认	此项是在设计建设验收阶段应完成的内容，是对缠绕式提升机和煤矿多绳摩擦式提升机的规定	机动科	检查基础资料	一次性收集齐全建档备查	机动科	无
6.3.5.15	在井筒内用以升降水泵或其他设备的手摇绞车，应装有制动闸、防止逆转装置和双重转速装置	1. 手摇绞车使用说明书 2. 现场确认	此项是临时用的工具	机动科	检查基础资料	一次性收集齐全建档备查	机动科	无
6.3.5.16	安全制动装置的空动时间（自安全保护回路断电时起至闸瓦刚接触闸轮或闸盘的时间）：压缩空气驱动闸瓦式制动闸，应不超过0.5 s；储能液压驱动闸瓦式制动闸，应不超过0.6 s；盘式制动闸，应不超过0.3 s。对于斜井提升，为了保证上提紧急制动不发生松绳而应延时制动时，空动时间可适当延长。 安全制动时，杠杆和闸瓦不应发生显著的弹性摆动	《金属非金属矿山在用摩擦式提升机安全检验报告》	由有资质的单位提供	机动科	检查基础资料	一次性收集齐全建档备查	机动科	《金属非金属矿山在用摩擦式提升机安全检验报告》

表 1-2-1（续）

项目		通用部分						庆发矿业符合情况
条款号	内容	检查依据	检查依据说明	存档地方	检查方式	检查周期	岗位职责	检查依据
6.3.5.17	竖井和倾角大小 30°的斜井的提升设备，安全制动时的减速度应满足：满载下放时应不小于 1.5 m/s^2，满载提升时应不大于 5 m/s^2 倾角 30°以下的井巷，安全制动时的减速度应满足：满载下放时的制动减速度应不小于 0.75 m/s^2，满载提升时的制动减速度应不大于按式（6）计算的自然减速度 A_0(m/s^2) $A_0 = g(\sin\theta + f\cos\theta)$　　(6) 式中　g——重力加速度，m/s^2； θ——井巷倾角，(°)； f——绳端荷载的运动阻力系数，一般取 0.010～0.015。 摩擦轮式提升装置，常用闸或保险闸发生作用时，全部机械的减速度不得超过钢丝绳的滑动极限。 满载下放时，应检查减速度的最低极限；满载提升时，应检查减速度的最高极限	《金属非金属矿山在用摩擦式提升机安全检验报告》	此项是在设计建设验收阶段应完成的内容	机动科、车间	检查基础资料	一次性收集齐全建档备查	机动科、车间	《金属非金属矿山在用摩擦式提升机安全检验报告》
6.3.5.18	提升机紧急制动和工作制动时所产生的力矩，与实际提升最大静荷载产生的旋转力矩之比 K，应不小于 3。质量模数较小的绞车，上提重载安全制动的减速度超过 6.3.5.17 所规定的限值时，可将安全制动装置的 K 值适当降低，但应不小于 2	《金属非金属矿山在用摩擦式提升机安全检验报告》	此项是在设计建设验收阶段应完成的内容	机动科	检查基础资料	一次性收集齐全建档备查	机动科	《金属非金属矿山在用摩擦式提升机安全检验报告》

表1-2-1（续）

项目		通用部分						庆发矿业符合情况
条款号	内容	检查依据	检查依据说明	存档地方	检查方式	检查周期	岗位职责	检查依据
6.3.5.18	凿井时期，升降物料用的提升机，K值应不小于2。 调整双卷筒绞车卷筒旋转的相对装置时，应在无负荷情况下进行。制动装置在各卷筒闸轮上所产生的力矩，应不小于该卷筒所悬质量（钢丝绳质量与提升容器质量之和）形成的旋转力矩的1.2倍。 计算制动力矩时，闸轮和闸瓦摩擦系数应根据实测确定，一般采用0.30～0.35；常用闸和保险闸的力矩，应分别计算	绞车检测报告	此项是凿井期间维护需要检查的内容。由施工单位提供	基建科	检查基础资料	收集齐资料存档备查	基建科	无
6.3.5.19	盘式制动器的闸瓦与制动盘的接触面积，应大于制动盘面积的60%；应经常检查调整闸瓦与制动盘的间隙，保持在1 mm左右，且应不大于2 mm	1.《金属非金属矿山在用摩擦式提升机安全检验报告》 2.《钳工周期性检查表》《设备检修记录》	此项是周期性检测和日常运行维护需要检查的内容	机动科、车间	检查基础资料	周检	机动科、车间	1.《金属非金属矿山在用摩擦式提升机安全检验报告》 2.《副井提升系统钳工周检表》《设备检修记录》
	液压离合器的油缸不应漏油。盘式制动器的闸盘上不应有油污，每班至少检查1次，发现油污应及时停车处理	《提升司机日常点检表》《钳工日常点检表》	此项是日常运行维护需要检查的内容	车间	检查基础资料	日检	车间	《副井提升系统提升机司机日常点检表》《副井提升系统钳工日常点检表》
6.3.5.20	多绳摩擦提升系统，两提升容器的中心距小于主导轮直径时，应装设导向轮；主导轮上钢丝绳围包角应不大于200°	竣工图纸	此项是在设计建设验收阶段应完成的内容	机动科	检查基础资料	一次性收集齐全建档备查	机动科	竣工图纸

表 1-2-1 (续)

项目		通用部分						庆发矿业符合情况
条款号	内容	检查依据	检查依据说明	存档地方	检查方式	检查周期	岗位职责	检查依据
6.3.5.21	多绳摩擦提升系统，静防滑安全系数应大于1.75；动防滑安全系数，应大于1.25；重载侧和空载侧的静张力比，应小于1.5	《霍邱县庆发矿业有限公司张家夏楼铁矿1.3 Mt/a采选工程初步设计》	此项是在设计建设验收阶段应完成的内容	机动科	检查基础资料	一次性收集齐全建档备查	机动科	《霍邱县庆发矿业有限公司张家夏楼铁矿1.3 Mt/a采选工程初步设计》
6.3.5.22	多绳摩擦提升机采用弹簧支承的减速器时，各支承弹簧应受力均匀；弹簧的疲劳和永久变形每年应至少检查1次，其中有1根不合格，均应按性能要求予以更换	1. 减速机说明书 2.《钳工周期性检查表》	此项是在设计建设验收阶段应完成的内容	机动科	检查基础资料	年检	机动科	无
6.3.5.23	提升设备应装设下列仪表： ——提升速度4 m/s以上的提升机，应装设速度指示器或自动速度记录仪； ——电压表和电流表； ——指示制动系统的气压表或油压表以及润滑油压表	现场确认	此项是在设计建设验收阶段应完成的内容。现场检查最直观	机动科	检查基础资料	一次性收集齐全建档备查	机动科	现场确认
6.3.5.24	在交接班、人员上下井时间内，非计算机控制的提升机，应由正司机开车，副司机在场监护。每班升降人员之前，应先开1次空车，检查提升机的运转情况，并将检查结果记录存档。连续运转时，可不受此限	《提升机司机安全技术操作规程》《设备运行记录》	此项是日常操作需要注意的内容	车间	检查基础资料	随时备查	车间	《提升机司机安全技术操作规程》《副井提升系统设备运行记录》

表1-2-1（续）

项目		通用部分						庆发矿业符合情况
条款号	内容	检查依据	检查依据说明	存档地方	检查方式	检查周期	岗位职责	检查依据
6.3.5.24	发生故障时，司机应立即向矿机电部门和调度报告，并应记录停车时间、故障原因、修复时间和所采取的措施	《设备事故与故障管理制度》《设备故障记录》	此项是日常操作需要注意的内容	车间	检查基础资料	发生故障时	车间	《设备事故与故障管理制度》《设备故障记录》
6.3.5.25	主要提升装置，应由有资质的检测检验机构按规定的检测周期进行检测。检测项目如下： ——6.3.5.10、6.3.5.11所规定的各种安全保护装置； ——天轮的垂直度和水平度，有无轮缘变形和轮辐弯曲现象； ——电气传动装置和控制系统的情况 ——各种保护、调整和自动记录装置（仪表），以及深度指示器等的动作状况和准确、精密程度； ——工作制动和安全制动的工作性能，并验算其制动力矩，测定安全制动的速度； ——井塔或井架的结构、腐蚀和震动； ——防坠器、防过卷装置、罐道、装卸矿设施等。 对检测发现的问题，矿山企业应提出整改措施，限期整改	《金属非金属矿山在用摩擦式提升机安全检验报告》	此项按要求由有资质的单位进行检测提供	机动科	检查基础资料	一次性收集齐全建档备查	机动科	《金属非金属矿山在用摩擦式提升机安全检验报告》

表1-2-1（续）

项目		通用部分						庆发矿业符合情况
条款号	内容	检查依据	检查依据说明	存档地方	检查方式	检查周期	岗位职责	检查依据
6.3.5.26	提升装置，应备有下列技术资料： ——提升机说明书； ——提升机总装配图和备件图； ——制动装置的结构图和制动系统图； ——电气控制原理系统图； ——提升系统图； ——设备运转记录； ——检验和更换钢丝绳的记录； ——大、中、小修记录； ——岗位责任制和操作规程； ——司机班中检查和交接班记录； ——主要装置（包括钢丝绳、防坠器、天轮、提升容器、罐道等）的检查记录。 制动系统图、电气控制原理图、提升机的技术特征、提升系统图、岗位责任制和操作规程等，应悬挂在提升机室内	1. 提升机说明书、提升机总装配图和备件图、制动系统图和结构图、电气控制原理系统图、提升系统图、设备运转记录、钢丝绳检验和更换记录、设备检修记录、岗位责任制和操作规程、提升机司机日常点检表、交接班记录、钳工日常点检表、电工日常点检表、钢丝绳检测记录、电钳工周期性检查表 2. 现场确认	此项是日常运行维护需要具备的内容	机动科、车间	检查基础资料	一次性收集齐全建档备查	机动科、车间	1. 提升机说明书、提升机总图、制动系统图、电气控制原理图、提升系统图、副井提升系统设备运行记录、设备检修记录、提升机司机岗位责任制、提升机司机安全技术操作规程、副井提升系统提升机司机日常点检表、交接班记录、副井提升系统钳工日常点检表、副井提升系统钳工周检表、副井提升系统钳工周期性工作检查表、副井提升系统电工日常点检表、副井提升系统电工月检表、副井提升系统钢丝绳检测记录 2. 影像资料

提升容器的导向槽（器）与罐道之间的间隙安装确认表，见表 1-2-2。

表 1-2-2 提升容器的导向槽（器）与罐道之间的间隙安装确认表

罐道类型	规程规定间隙/mm	测量间隙值/mm	备注
木罐道	≤10		
钢丝绳罐道	≥2~5		
型钢罐道（不采用滚轮罐耳）	≤5		
型钢罐道（采用滚轮罐耳）	10~15	14	

竖井内提升容器之间以及提升容器最突出部分和井壁、罐道梁、井梁之间的最小间隙确认表，见表 1-2-3。

表 1-2-3 竖井内提升容器之间以及提升容器最突出部分和井壁、罐道梁、井梁之间的最小间隙确认表 mm

罐道和井梁布置		容器与容器之间	容器与井壁之间	安装后实际测量	容器与罐道梁之间	安装后实际测量	容器与井梁之间	安装后实际测量	备注
罐道布置在容器一侧		200	150		40		150		罐道与导向槽之间为20
罐道布置在容器两侧	木罐道	—	200		50		200		有卸载滑轮的容器，滑轮和罐道梁间隙增加25
	钢罐道	—	150	480	40	160	150	160	
罐道布置在容器正门	木罐道	200	200		50		200		
	钢罐道	200	150		40		150		
钢丝绳罐道		450	350		—		350		设防撞绳时，容器之间最小间隙为200

第二部分

操检维护篇

第一章　操　作　手　册

第一节　提升机司机操作手册

一、开车前的准备工作

（1）将操作台上的制动手柄、主令手柄均置于零位，“手柄零位”指示灯亮。

（2）操作台上的各转换开关、旋柄式开关均置于正常位置。

（3）启动主风机，“主风机启动”灯亮。

（4）启动润滑站，“润滑站启动”灯亮，相应油压表有正常压力指示。

（5）启动装置，“装置启动”灯亮，操作台上“磁场电流”表有正常励磁电流指示。若“装置启动”灯闪烁，表明传动柜“使能钥匙”不在使能位置。

（6）按故障恢复按钮。

（7）若系统中无“重故障”，且相关设备均投入正常工作，则操作台上所有的红色故障指示灯均不亮，只有“硬件安全”“软件安全”指示灯亮。若仍不能接通，调用上位监控“安全回路”画面里的重故障，查清故障原因并排除故障。

（8）启动液压站，“液压站启动”灯亮，相应油压表有残压指示。

（9）若系统中有轻故障，则“轻故障”指示灯亮，可通过“故障解除”按钮解除故障。若仍不能解除故障，调用上位监控“安全回路”画面里的轻故障，查清故障原因并排除故障。

至此，“准备运行”灯亮，准备工作完成。

二、正常开车操作

电控系统有以下工作方式：半自动方式、手动方式、检修方式、平罐方式。

1. 半自动方式（禁用）

选择本运行方式后，提升机按照既定程序运行，提升机司机不能对速度和可调闸进行调节，但可按“停车”按钮停车。

（1）转换操作台上的“工作方式开关”，选择半自动运行方式，操作台上“半自动”灯亮。主令手柄处于零位，制动手柄向前推进，“手柄零位”灯闪烁。

（2）信号系统给出开车信号后，“开车信号”灯亮。数字深度指示器上给出开车方向，当提升机没有运行和主令手柄在零位超过 18 s 后或运行 4 s 后自动解除开车信号。

（3）司机按“开车按钮”，可调闸电流约 100 mA；待电枢电流上升到 100 A（可根据具体情况调节），可调闸电流上升到 220 mA，制动闸打开，提升机逐渐加速直至等速运行。

（4）至减速点，减速电铃响，“减速”指示灯亮，提升机开始自动减速直至0.5 m/s，运行到离停车位4 m，降至爬行速度0.3 m/s。

（5）到停车位置，“到位停车”灯亮，提升方向灯灭，可调闸电流降至零，提升机自动抱闸停车。

（6）司机可随时按“停车按钮”。高速时按停车按钮，提升机减速至0.65 m/s后抱闸停车；低于0.65 m/s时，按停车按钮可立即停车。

（7）不到正常停车位置停车后，不能继续采用半自动运行方式。

注意：如果在半自动方式下没有到停车点停车，再次开车前切换到手动或检修方式将车开至停车点后再切换到半自动方式继续开车。

2. 手动方式

（1）选择手动运行方式，操作台上“手动”指示灯亮。制动手柄和主令手柄均处于零位，“手柄零位”指示灯亮。

（2）信号系统给出开车信号后，“开车信号”灯亮。电控系统自动判断运行方向，数字深度指示器上给出开车方向。

（3）提升机司机依据信号指令将主令手柄向后拉或向前推，同时推开工作闸手柄。开闸到可调闸电流为100 mA（可根据具体情况调节），待电枢电流上升到100A（可根据具体情况在上位监控的“设定”画面中调节），可调闸电流上升400 mA（可根据具体情况调节），制动闸打开，提升机按照指令方向启动、加速至等速。提升机开始运行，在距停车点8 m范围内为初加速区，最大速度为0.3 m/s，司机可在0.05 ~0.3 m/s调整速度；超过9 m后，司机可以在0.1 ~7.97 m/s调整速度。

（4）至减速点，即运行到离停车位60 m，减速电铃响，“减速”灯亮，提升机开始自动减速直至0.5 m/s（0.05 ~0.5 m/s可调）；运行到离停车位4 m，降至爬行速度0.3 m/s（0.05 ~0.3 m/s可调），并且自动贴闸。

（5）到停车位置，提升方向灯灭，可调闸电流降到零，抱闸停车。司机将主令手柄和制动手柄均拉到零位，等待下次开车。

（6）若在中途运行期间需要正常停车，则将主令手柄拉回零位，提升机自动减速至较低速度，然后抱闸停车，等待下次开车。

（7）司机可随时按停车按钮，提升机自动减速至0.65 m/s时停车，然后司机将主令手柄和制动手柄均拉到零位。

3. 检修方式

（1）工作方式转换开关选择检修方式，操作台上“检修”指示灯亮。

（2）选择此方式，提升机最大运行速度被限制在0.5 m/s，司机可操作主令手柄控制提升机在0.05 ~0.5 m/s间任意速度运行。

4. 平罐方式

（1）工作方式转换开关选择平罐方式，操作台上“平罐”指示灯亮。

（2）选择此方式，提升机最大运行速度被限制在0.5 m/s，司机可操作主令手柄控制提升机在0.05 ~0.5 m/s间任意速度运行。

注意：平罐方式下，硬件和软件停车开关将不再起作用，软件过卷也将不再起作用，但机械硬过卷仍然起作用，所以用此种方式时，信号工应高度警惕。

三、自动闸操作（禁用）

自动闸操作的特点：可调闸是由程序设定的，不能通过制动手柄调节，但可以通过主令手柄调节速度大小。

（1）选择数控柜门上的“自动闸”旋钮，按操作台上的“开车”按钮，此时“自动闸”灯亮；按“停车”按钮，“自动闸”灯熄灭。每次运行结束，“自动闸”灯熄灭且自动消除深度指示器的运行方向，并且会选择除半自动方式外的工作方式。

（2）接收信号系统的信号，操作台上的开车信号灯亮，并且数字深度指示器上给出相应的方向。

（3）依据开车方向将制动手柄保持在零位，同时将主令手柄前推或后拉，可调闸电流升至100 mA，电枢电流升至400 A（依据实际情况可调整）时，可调闸电流升至约220 mA，制动器全敞闸，提升机开始启动，加速至等速段。

（4）至减速点时，减速电铃响，减速灯亮，自动减速至爬行速度，离井口4 m时开始贴闸并且速度减至0.3 m/s爬行。

（5）至停车位置，提升方向消除，可调闸电流降为零，抱闸停车。

（6）停车后，司机要把主令手柄和制动手柄拉回零位，等待下次开车。

（7）若中途运行期间需要正常停车，则将主令手柄缓慢靠近零位，提升机自动减速至较低速度，然后将制动手柄和主令手柄置零位，抱闸停车，等待下次开车。

（8）在等速段内，可以调节速度的大小；在减速段内，司机可以控制提升机在0.5 m/s内运行。

（9）司机可随时按“停车”按钮。高速时按停车按钮，提升机减速至0.65 m/s后抱闸停车；低于0.65 m/s时，按停车按钮可立即停车。

四、过卷后的操作

当提升容器过卷后，只能按照过卷方向的反方向运行。

（1）若提升容器井口过卷，过卷灯闪或常亮，安全回路断开。将“过卷复位”开关拨至井口过卷复位位置（2位置），按“故障解除”按钮接通安全回路，再按照正常开车的方式运行，排除井口过卷的故障。在离开过卷位置并停车后，应当将“过卷复位”开关由井口过卷复位位置拨至正常位置（中间状态），以保证下次能够向井口方向运行。

（2）若提升容器井底过卷，将“过卷复位”开关拨至井底过卷复位位置（1位置），按“故障解除”按钮接通安全回路，再按照正常开车的方式运行，排除井底过卷的故障。在离开过卷位置并停车后，应当将“过卷复位”开关由井底过卷位置拨至正常位置（中间状态），以保证下次能够向井底方向运行。

五、检修操作

当需要检修操作时，可通过检修方式或信号检修方式实现，最大速度0.5 m/s。

（1）信号系统发“慢上”或“慢下”信号，并给出开车信号和方向。

（2）操作工将制动手柄推开，依据方向指示，主令手柄向后拉或前推，提升机按照指令运行。

六、特殊状态下提升机司机控制开车方式（负责人同意后操作）

在信号系统给出开车信号后，PLC 自动判断出提升容器运行方向，并在操作台上显示。当特殊紧急情况需要手动选择方向时，把“信号选择”旋钮置位（右旋），再通过方向选择按钮（必须按选择正/反方向 2 s 以上）来实现。

七、速段选择

（1）速段 1 选择：将数控柜上 SA16. 4（即速段选择开关）打到中间（即 0 位置），选择 1 速段，提升机最高速度能达到 7. 97 m/s。

（2）速段 2 选择：将数控柜上 SA16. 2（即备用转换开关）打到左边（即 1 位置），选择 2 速段，提升机最高速度为 4 m/s。

（3）速段 3 选择：将数控柜上 SA16. 2（即备用转换开关）打到右边（即 2 位置），选择 3 速段，提升机最高速度为 2 m/s。

八、允许一次开车

若检测到以下故障之一，则操作台上“轻故障”指示灯亮，表示允许把当前这次提升任务完成，但不允许下一次运行。

这些故障包括润滑站故障、闸瓦磨损、弹簧疲劳、液压站油温高、液压站滤芯堵塞等。

在排除所发生的故障后，通过“故障复位”按钮，可以解除“轻故障”，恢复正常开车。

九、应急开车（需主管经理批准后方能操作）

当 PLC 出现故障时，为避免提升容器及人员长时间滞留在井筒中间，可以通过应急开车方式来运行。在这种工作方式下，提升机的运行速度较低且不可调。不允许采用本方式长期运行。

（1）将提升数控柜（+DC）柜门上的“故障开车”转换开关转至应急开车位置（2 位置为应急正向，1 位置为应急反向）。

（2）在低压电源柜门上选择“本控”方式，并在此柜门上启动润滑站、主风机；在调节柜上启动“启动装置”，即启动变流器等设备。

（3）通过“故障解除”按钮接通安全回路，再在低压电源柜上“启动液压站”。

（4）在各手柄处于零位的情况下，依据开车方向，向后拉主令手柄或向前推主令手柄，然后推开制动手柄，使变流器正常出力。为防止倒转，闸柄推得要比平时慢。

（5）需要停车时，将主令手柄和制动手柄拉回零位，抱闸停车。

（6）完成提升任务后，将故障开车转换开关置于正常位置 0，停变流器，断开安全回路，检查并排除故障。排除故障后，在低压电源柜上选“远控”，方便正常后在操作台上启动设备。

（7）在采用应急开车方式时，系统只具备基本的开车功能，无自动判向、自动减速、自动停车等功能。

注意：严格禁止采用应急开车方式长期运行。

十、其他事项

（1）操作台上的临时手发开车信号，仅在信号系统故障和检修对罐时使用。

（2）不宜对变流器、主电机风机等作频繁启停操作。建议当停车时间超过 10 min 时，停液压油泵电机，停变流器，最后停主风机。

（3）若直流调速装置检测到故障，则“变流器故障”指示灯亮。在确认和排除故障后，通过调节柜装置本身上的“P”键将装置故障解除，然后通过操作台上的“故障复位”按钮接通安全回路。

（4）启动主风机后才能启动传动装置。

（5）操作工和维护人员应经常检查主电机、整流变压器的温度情况，预防温升过高造成电机和整流变压器的损坏。

（6）编码器的选择：SA3.1（功能选择）为 1 时，“主编码器工作”；为 0 时，“双编码器工作”；为 2 时，“从编码器工作”。

十一、液压站检修

当调闸或检修液压站时，需在停车的前提下且制动油压为零时将滚筒或制动器锁住，防止溜车。然后把“液压站检修”旋钮置位，检修液压站灯闪烁，接下来的步骤和正常开车一样，需要安全回路灯、开车信号灯、准备运行灯、深度指示器方向灯亮，然后推闸柄，观察闸电流表，唯一不同的是不要推主令手柄。

第二节 信号工操作手册

一、信号部分

1. 控制方式

信号系统分为两种控制方式：井口控制和中段控制。

（1）选择井口控制时：井中各中段不允许打信号，不允许选择提升种类。井口信号直接发到司机室。提升方式有提人、提物、提矿、检修。

①当选择提人、提物、提矿方式时，井口打信号条件：所有摇台要抬起、所有安全门要关闭、提升机没有运行、有提升种类、没有急停信号、有去向且去向有效、提升方向与程序判断方向相同、现在提升系统没有信号（若有去向，按下停车按钮取消去向）。

②当选择检修方式时，井口打信号条件：所有摇台要抬起、所有安全门要关闭、提升机没有运行、有提升种类、没有急停信号、有去向且去向有效、现在提升机系统没有信号（若有去向，按下停车按钮取消去向）。

（2）选择中段控制时：罐位所在的中段允许发开车信号、选择提升种类，然后由井口信号转发到司机室。当罐位不在井口时，井口不允许发开车信号、选择提升种类，只允许转发中段信号。

①罐位在井口时，打信号与选择井口信号时相同。

②罐位在中段时，中段打信号条件：提升机没有运行、有去向且去向有效、有提升种类、本中段摇台抬起、本中段安全门关闭、本中段无急停信号、罐位在本中段、提升方向与程序判断方向相同、现在提升系统没有信号。

2. 操作步骤

（1）选择井口控制时：

①提升机目前处于停车状态，按信号键盘上的“1”“2”“3”“4”键，选择对应提升种类（在信号显示器可以观察，其中“1”提人，“2”提物，“3”提矿，“4”检修）。

②确保所有水平的摇台已全部抬起、安全门已全部关闭，所有水平没有停车信号和急停信号。

③通过信号键盘选择要去的水平（在信号显示器可以观察，其中“1”井口，“2”-350 水平，“3”-475 水平，“4”-515 水平，“5”-550 水平，“6”-600 水平），然后按下相应的按钮（上提、下放、慢上、慢下）发出开车信号。发往司机室的是一个延时脉冲信号。司机在接到信号 8 s 内要启动所有设备。若司机在 8 s 内未启动设备，需重发信号，井口要按下停车按钮后再次发信号。

（2）选择中段控制时：

①提升机当前处于停车状态，由罐所在位置的信号工通过按信号键盘上的“1”“2”“3”“4”键，选择提升种类。

②确保所有水平的摇台已全部抬起、安全门已全部关闭，所有水平没有停车信号和急停信号。

③通过信号键盘选择要去的水平，然后按下相应的按钮（上提、下放、慢上、慢下）发出开车信号。此信号发往井口，井口选择正确的回点按钮把此信号转发到司机室（井口要在 8 s 内回点）。在规定的时间内没有回点，中段要再次打点，按下停车按钮，再次发开车信号。

（3）其他事项：

①当选择中段控制时，当前罐所在水平可发开车信号，其他水平只能发出停车信号和急停信号。

②当选择中段控制时，中段水平的上提下放信号要经过井口转发才能发至提升机主控系统，而慢上慢下信号不需要井口的转发直接接入主控系统。

③当罐位丢失（如在非罐位区停车等），可在井口信号房选择井口控制的工作方式，提升种类选择为检修，然后发开车信号开车，把罐开到井口停车位校正罐位。

④当信号台与主控系统的 MPI 通信中断时，信号系统上的“设备故障”灯按 2 Hz 的频率闪烁。

二、操车部分

1. 控制方式

操车系统共有两种控制方式：手动方式和检修方式。

（1）手动方式需要按照下面的操作工艺操作：摇台下落到位→安全门打开到位→前阻打开到位→推车机前进装车→车进罐笼后→推车机后退到位→前阻关闭到位→安全门关闭到位→摇台抬起到位。整个流程操作完毕之后，信号系统打点开车。

（2）检修方式没有工艺上的连锁关系，可任意操作操车设备。

2. 补车功能

井口操作台和 -475 水平操作台均可实现“补车功能”，将“补车功能”旋钮开关扳到位之后，可以进行补车。此时，可按照下面的工艺进行操作：打开复阻→推车机进行调车→关闭复阻→推车机后退到位。

3. 其他事项

（1）在信号系统处于“提人”工况下时，只能对摇台和安全门进行操作，其他设备均不能动作。

（2）前阻没有关到位的情况下，复阻不允许打开。

（3）只有所有水平的摇台（进车侧和出车侧）都抬起到位、安全门（进车侧和出车侧）都关闭到位后，才允许信号系统发信号开车。当有水平的摇台和安全门出现问题时，可让信号系统在“井口控制”的情况下，打到“检修”工况，正常发点开车。

（4）当有水平的摇台没有开到位的情况下，主控系统不能开车（此时主控系统的“准备运行”不满足）；当提升机在开车的过程中，有水平的摇台离开开位时，提升系统立刻紧急停车。在此两种情况下，可让提升系统处于“检修”的工况，开车至故障水平，处理摇台故障。

第三节　拥罐工操作手册

一、罐笼升降人员时拥罐工安全操作要求

（1）必须按照设计规定的每层罐笼允许的乘载人数进行清点，拥罐工必须制止超乘人员上罐。

（2）拥罐工要维护乘罐秩序。制止反方向进出人员、先进后出、抢上抢下。拥罐工有权制止乘罐人员私自撩起罐帘强进强出，防止事故发生。

（3）任何人不得代替拥罐工开启安全门，撩起罐帘，进出罐笼。

（4）必须在罐笼到达停罐位置、罐笼停稳后，方可开启安全门，撩起罐帘，进出人员。

（5）开车信号发出后，严禁任何人进出罐笼，防止发生事故。

（6）同一层罐笼不应同时升降人员和物料。升降爆破器材时，负责运输的爆破作业人员应事先通知信号工和提升机司机并跟罐监护。严禁在同一层罐笼内人员与物料混合提升。

（7）升降人员时，井口、井底进车一侧的阻车器必须关闭，严禁一切车辆通向井口，在井口 5 m 范围内不准停放车辆。

（8）井口严禁人员逗留，禁止向井筒抛洒杂物。

二、罐笼升降物料时拥罐工安全操作要求

（1）拥罐工要检查罐内矿车是否稳妥；物料装载情况是否安全；被顶出罐笼的矿车是否已完全脱离罐笼。如用罐笼升降超长物料，要详细检查绑扎是否牢固，且无突出部分

碰到罐道或井壁等，确认一切安全后，方可放下罐帘，并向信号工传出指令。

（2）升降火工材料时，应事先和井上或井下拥罐工联系好，才准装罐。火工材料严禁在井口和井底附近存放。

（3）遇到罐内卡车或矿车在罐内掉道时，应马上与信号工联系，并监督处理。

（4）推车机在运行时，严禁道心站人。

第二章　庆发矿业副井提升系统标准化表格

第一节　庆发矿业副井提升系统电工设备日检、月检记录表

一、说明

1. 支撑对象

（1）《金属非金属矿山安全规程》（GB 16423—2006）6. 3. 3. 23 条款之规定。

（2）设备随机说明书等技术文件。

（3）《运行车间副井提升管理制度》。

2. 适用范围

运行车间。

3. 填写要求

（1）采用黑色墨水填写，字迹清晰。

（2）禁止撕页、随意涂改，保持整洁。

（3）由单位主管领导审核签字盖章后进行归档。

4. 使用周期

月、年。

5. 保存要求

保存期限：三年；保存地点：运行车间。

6. 印刷要求

幅面 A4；封面 1 张，说明 1 张，日检表正反面印 31 张；月检表正反面印 6 张；封面采用加厚、加色纸张；说明及记录表采用 80 克书写纸；胶粘加钉，左侧装订。

7. 特殊说明

（1）在日检、月检检查结果（班次）相应栏内，符合标准要求的打“√”，不符合标准要求的打“×”。其中，有数值的需要填写数值。

（2）电工在接班后进行设备点检，将点检中发现的问题或隐患，以及本班设备的运行情况等内容在“情况说明”栏内详细记录；对发现问题或隐患的处理措施在《设备检修记录》里详细记录。

（3）车间内部及公司主管科室定期对记录本的使用填写情况进行检查，做到记录内容填写真实有效，保存整洁完好。

二、副井提升系统电工日常点检流程

副井提升系统电工日常点检流程如图 2－2－1 所示。

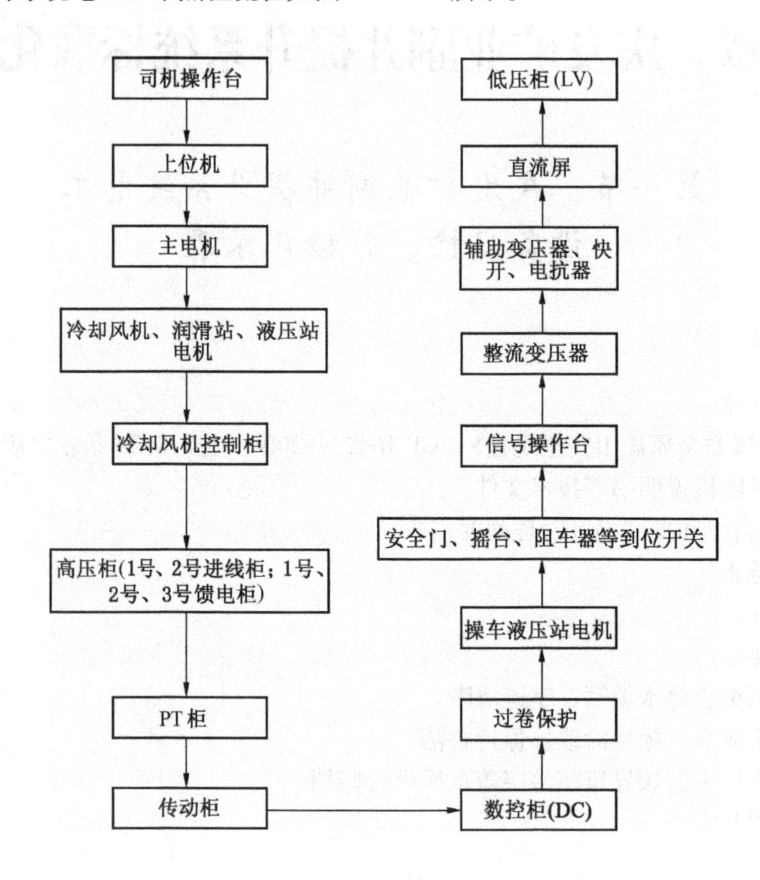

图 2－2－1　副井提升系统电工日常点检流程

三、副井提升系统电工日常点检表、月检表

副井提升系统电工日常点检表封面见下页，点检表见表 2－2－1。

副井提升系统
电工日常点检表

单位名称：

日　　期：________年____月

表2-2-1　副井提升系统电工日常点检表

年　　月　　日

序号	点检部位	点检基准	方法	班次			点检情况说明
				夜	白	中	
1	司机操作台	声光指示准确、正常	看				
		各操作按钮灵活可靠，操作均能正常执行	看司机操作				
		西门子 PLC 正常运行，各模块、控制继电器能按要求动作	看				
		电气元件工作正常，无损坏	看				
2	上位机	技术参数与指示台仪表一致，无报警	看				
		各保护和闭锁、联锁装置系统运行正常，无保护闭锁、联锁报警	上位机查看				
3	主电机	碳刷无有害火花现象（点状、粒状为正常，颜色为白色或白中带蓝色及黄色）	看				
		定子绕组温度低于 130 ℃，轴承温度低于 90 ℃	上位机查看				
		无不正常的机械噪声或者异响（如摩擦或敲击声等）	听				
4	冷却风机电机、润滑站电机、制动液压站电机	无不正常的机械噪声或者异响（如摩擦或敲击声等）	听				
5	高压柜(1 号、2 号进线柜；1 号、2 号、3 号馈电柜）	合分闸指示与实际位置相符	看				
		综保工作正常，无报警	看				夜班点检人：
		带电显示与实际相符	看				
6	PT 柜	相电压（1 ±7% ）×10 kV，三相平衡	看				
7	传动柜	DCS800 变流器（DR1、DR2、DR3）显示器无报警，照明正常	看				
		风机运转正常，无异常声响	看				
		励磁装置面板无报警	看				

表 2-2-1（续）

序号	点检部位	点检基准	方法	班次			点检情况说明
				夜	白	中	
8	数控柜（DC）	PLC 模块各模块运行正常，无报警信号	看				
		UPS 工作正常，指示灯正确	看				
9	低压柜（LV）	仪表相电压平衡检测，显示在（1±7%）×380 V	看				
		变压器运行无杂音	听				
		稳压电源输出电压正常（220 V）	看				
		空气断路器无损坏，正常工作	看				
10	直流屏	充电模块仪表显示数据正常［额定（1±10%）×220 V］	看				白班点检人：
11	冷却风机控制柜	无电气放炮声和电气焦糊味，电气元件工作正常	听、闻、看				
12	辅助变压器、快开、电抗器	主体运行无放电声和电气焦糊味	听、闻				
13	整流变压器	变压器主体运行无放电声和电气焦糊味	听、闻				
		温度监视器仪表显示正常（不大于 130 ℃）	看				
		风机工作正常，无异响	听				
14	信号操作台	声光指示准确、正常	看				
		各操作按扭灵活可靠，操作均能正常执行	看信号工操作				
		西门子 PLC 正常运行，各模块、控制继电器、接触器能按要求动作	看				
		电气元件工作正常，无损坏	看				
15	安全门、摇台、阻车器等到位开关	动作灵敏，固定可靠，接线牢固	看、试				
	操车液压站电机	无不正常的机械噪声或者异响（例如摩擦或敲击声等）	听				
16	过卷保护	动作灵敏	试				中班点检人：

副井提升系统电工月检表封面见下页，月检表见表 2-2-2。

副井提升系统
电工月检表

单位名称：

日　　期：________年____月

表2-2-2　副井提升系统电工月检表

序号	检查部位	检查基准	检查方法	检查时间	检查结果	检查人	检查情况说明
1	主电机	电缆、连接线固定牢靠	改锥、扳手试				
		换向器和碳刷表面无积灰、油污；换向器表面无明显缺陷	看				
		碳刷磨损剩余长度不少于2/3；支架固定牢靠	测、试				
		线号明晰；缆线标牌清晰完好；接地良好	看				
2	主电机、主轴、天轮编码器	联轴节不松动	手试				
3	电气盘柜	各接线牢固；线号明晰，缆线标牌清晰完好；柜体接地良好；干净，无灰尘（包括司机操作台、指示台、高压柜、数控柜、传动柜、PT柜、低压柜、直流屏、风机控制柜、信号操作台等）	改锥试、看				
4	整流变压器、辅助变压器、电抗、快开	各接线牢固；线号明晰，缆线标牌清晰完好；接地良好	改锥试、看				
5	井筒开关、过卷开关	固定牢固	试				
6	井筒电缆	固定牢固，无破损	看				
7	配电室直流屏	蓄电池无冒泡、漏液	看				

第二节 庆发矿业副井提升系统钢丝绳检测记录表

一、说明

1. 支撑对象

（1）《金属非金属矿山安全规程》（GB 16423—2006）6.3.4.6 条款之规定。

（2）设备随机说明书等技术文件。

（3）《运行车间副井提升管理制度》。

2. 适用范围

运行车间。

3. 填写要求

（1）采用黑色墨水填写，字迹清晰。

（2）禁止撕页、随意涂改，保持整洁。

（3）由单位主管领导审核签字盖章后进行归档。

4. 使用周期

每年。

5. 保存要求

保存期限：三年；保存地点：运行车间。

6. 印刷要求

幅面 A4；封面 1 张，说明 1 张，表正反面印 24 张；封面采用加厚、加色纸张；说明及记录表采用 80 克书写纸；胶粘加钉，左侧装订。

7. 特殊说明

（1）钳工按周期对钢丝绳进行检测并记录。

（2）车间内部及公司主管科室定期对记录本的使用填写情况进行检查，做到记录内容填写真实有效，保存整洁完好。

二、副井提升系统钢丝绳检测记录表

副井提升系统钢丝绳检测记录封面见下页，记录表见表 2－2－3，平衡钢丝绳检测记录表见表 2－2－4。

副井提升系统
钢丝绳检测记录表

单位名称：

日　　期：________年____月

表2-2-3 副井提升系统钢丝绳检测记录表

检测人员: 年 月 日

钢丝绳	规格型号	检测点	第一根	第二根	第三根	第四根	钢丝绳检查结果
提升钢丝绳	ϕ34 mm×4 (6 V×37S+FC)						

表2-2-4　副井提升系统平衡钢丝绳检测记录表

检测人员：　　　　　　　　　　　　　　　　　　　　　　　　　年　　月　　日

钢丝绳	规格型号	检测点	南侧	北侧	平衡钢丝绳检查结果
平衡钢丝绳	ϕ50 mm×2 (34×7+FC)	罐笼侧靠近尾悬处			
		平衡锤侧靠近尾悬处			
		其他部分情况			

第三节　庆发矿业副井提升系统钳工日检、周期性检查表、闸间隙检查记录表

一、说明

1. 支撑对象

(1)《金属非金属矿山安全规程》(GB 16423—2006) 6. 3. 3. 23 条款之规定。

(2) 设备随机说明书等技术文件。

(3)《运行车间副井提升管理制度》。

2. 适用范围

运行车间。

3. 填写要求

(1) 采用黑色墨水填写，字迹清晰。

(2) 禁止撕页、随意涂改，保持整洁。

(3) 由单位主管领导审核签字盖章后进行归档。

4. 使用周期

月、年。

5. 保存要求

保存期限：三年；保存地点：运行车间。

6. 印刷要求

幅面 A4；封面 1 张，说明 1 张，日检表正反面印 31 张；周检表正反面印 24 张；周

期性工作检查表正反面印6张；封面采用加厚、加色纸张；说明及记录表采用80克书写纸；胶粘加钉，左侧装订。

7. 特殊说明

（1）在日检、月检检查结果（班次）相应栏内，符合标准要求的打“√”，不符合标准要求的打“×”。其中，有数值的需要填写数值。

（2）钳工在接班后进行设备点检，将点检中发现的问题或隐患，以及本班设备运行情况等内容在“情况说明”栏内详细记录；对发现问题或隐患的处理措施在《设备检修记录》里详细记录。

（3）车间内部及公司主管科室定期对记录本的使用填写情况进行检查，做到记录内容填写真实有效，保存整洁完好。

二、副井提升系统钳工日常点检流程

副井提升系统钳工日常点检流程如图2-2-2所示。

图2-2-2　副井提升系统钳工日常点检流程

三、副井提升系统钳工检查表

（1）副井提升系统钳工日常点检表封面见下页，点检表见表2-2-5。

副井提升系统
钳工日常点检表

单位名称：

日　　期：________年____月

表2-2-5　副井提升系统钳工日常点检表

年　月　日

序号	点检部位	点检基准	检查方法	点检结果	点检情况说明
1	主轴装置	主轴和滚筒运行时无异响（不规律的响声）；轴承座无振动	听		
		主轴承最高温度不应超过 65 ℃；主轴承运行无异响（正常响声是连续的“哗哗”或较低的“轰轰”声）	上位机查看、听		
		滚筒筒体无开焊、变形	看		
		衬块无开裂、松动	看		
		制动盘上无油污	看		
2	制动装置	制动器工作正常	看		
		闸瓦无缺损、断裂	看		
		盘形制动器动作灵敏、无渗漏（≤1 滴/min）	看		
		制动管路、接头无渗漏（≤1 滴/min）	看		
3	制动液压站	压力表指示工作压力（10±0.5）MPa；残压小于 1 MPa	看		
		油位在液面指示线范围之内；油液无浑浊	看		
		温度表指示正常（温度在 15~65 ℃）	看		
		各部分无渗漏（≤1 滴/min）	看		
		油泵工作正常，无异响（正常响声是连续的“嗡嗡”声）	听		
4	减速机	减速机无渗漏，能清晰观察到润滑油；运行声音有规律，无异常响声	看、听		
5	联轴器	齿轮联轴器、弹性柱销联轴器盖板、挡板螺栓无松动	看		
6	减速机润滑站	油位在液面指示线范围之内；油液无浑浊	看		
		油温指示在 10~50 ℃之间；油压指示在 0.15~0.4 MPa 之间	看		
		润滑管路、接头无渗漏（≤1 滴/min）	看		
		油泵工作正常，无异响（正常响声是连续的“嗡嗡”声）	听		
7	冷却风机	轴承室润滑油油位在油标两红线中心偏上位置	看		
		运行正常，滤网无堵塞	看		

表2-2-5（续）

序号	点检部位	点 检 基 准	检查方法	点检结果	点检情况说明
8	天轮	衬块无开裂、松动现象	看		
		轮体无开焊、变形	看		
		运行时无异响（不规律的响声）	听		
		最高温度不应超过65 ℃；主轴承运行无异响（正常响声是连续的“哗哗”或较低的“轰轰”声）	上位机查看、听		
9	罐笼	罐帘拉动灵活，无变形、损坏	看		
		滚轮罐耳转动灵活、位置合适	看		
10	平衡锤	框架无变形、严重锈蚀现象	看		
		配重块摆放整齐，无异常情况	看		
		滚轮罐耳转动灵活，位置合适	看		
11	首绳悬挂装置	油缸无渗漏、有调整余量；连接组件无砸伤、渗漏（≤1滴/10 min）	看		
12	尾绳悬挂装置	转台转动灵活，无异常现象	看		
13	首绳	摆动幅度小、无脱槽现象	看		
14	操车液压站	压力表指示工作压力（10±0.5）MPa	看		
		油位在液面指示线范围之内；油液无浑浊	看		
		各部分无渗漏（≤1滴/min）	看		
		油泵工作正常，无异响（正常响声是连续的“嗡嗡”声）	听		
15	安全门	动作灵活可靠；油缸无渗漏（≤1滴/min）	看		
16	摇台	动作灵活可靠；油缸无渗漏（≤1滴/min）；润滑良好	看		
17	阻车器	动作灵活可靠；油缸无渗漏（≤1滴/min）；润滑良好	看		
18	推车机	动作灵敏可靠	看		点检人：

（2）副井提升系统钳工周检表封面见下页，周检表见表2-2-6。

副井提升系统
钳工周检表

单位名称：

日　　期：________年____月

表2-2-6　副井提升系统钳工周检表

序号	检查部位	检 查 基 准	检查方法	检查时间	检查结果	检查人	检查情况说明
1	首绳	一个捻距内的断丝断面积与钢丝总断面积之比小于5%	看、测				
		直径减小量不超过10%（直径不低于30.6 mm）	卡尺测				
		钢丝不应有变黑、锈皮、点蚀、麻坑等现象	看				
		张力检查	回波计时法				
2	钢罐道	防腐良好；连接处无错位	看				
		紧固件齐全完好、紧固可靠	看和扳手试				
3	井筒装备	梯子、平台板、隔板、立柱和梁无砸伤、变形；无杂物	看				
		电缆、管道固定牢固	看				
4	井窝	积水在尾绳环1.5 m以下、无杂物	看				
5	安全门	各连接部位固定牢靠	扳手试和看				
6	闸瓦间隙	闸瓦与制动盘间隙在0.8～1 mm之间	用塞尺检查、调整				
7	冷却风机、测速发电机	传动三角带无脱层、撕裂和拉断；能正常传递动力，不打滑、不松动	看和用手按压				

（3）副井提升系统钳工周期性工作检查表封面见下页，检查表见表2-2-7。

副井提升系统
钳工周期性工作检查表

单位名称：

日　　期：________年____月

表2-2-7　副井提升系统钳工周期性工作检查表

序号	检查部位	检 查 基 准	检查方法	检查周期	检查结果	检查人	检查时间	检查情况说明
1	尾绳	一个捻距内的断丝断面积与钢丝总断面积之比小于10%	看、测	每月				
		钢丝不应有变黑、锈皮、点蚀、麻坑等现象	看	每月				
		尾悬根部钢丝绳无锈蚀、断丝等情况；无扭结、不相互干涉	看	每月				
2	滚轮罐耳	固定牢固	看、试	每月				
3	首、尾绳悬挂装置	连接部分固定牢固	看、试	每月				
4	罐笼	螺栓连接紧固，无构件滑移、漆膜拉开等现象	看、锤击测	每月				
5	罐笼、平衡锤滑动导向槽	每侧与罐道间隙应保持10～15 mm；单侧磨损不能超过8 mm	板尺测	每季度				
6	钢罐道	单侧壁厚磨损不超过4 mm（原规格为180×180×8 方管）	板尺测整体宽度进行对比	每季度				
7	天轮	绳槽直径差小于0.8 mm	钢丝缠绕法	每半年				
		衬垫磨损小于一个钢丝绳直径的深度，侧面磨损小于钢丝绳直径一半或剩余厚度大于钢丝绳直径一半	深度尺和板尺配合测量	每季度				
		润滑管件和其他连接部位固定可靠	扳手试	每季度				
		主轴承润滑油更换	按说明书要求更换	每年				
8	主轴装置	绳槽直径差不大于0.8 mm	钢丝缠绕法	每季度				
		衬垫磨损深度小于70 mm或剩余厚度大于钢丝绳直径	深度尺和板尺配合测量	每季度				
		衬块、卷筒各部位固定螺栓固定可靠	扳手试	每季度				
		主轴承润滑油更换	按说明书要求更换	每年				
9	减速机润滑站	润滑站筒式滤网无堵塞	拆开检查和清洗	每季度				
10	齿轮联轴器	轴承润滑良好，润滑脂填满轴承和轴承座体空间的1/3～1/2；无断齿	拆开检查	每季度				
11	柱销联轴器	柱销无凹台、无断裂	拆开检查	每季度				
12	井架检查	沉降、腐蚀、振动等情况	看、测	每年				
13	制动液压油		按流程更换	每年				
14	减速机润滑油		按流程更换	每年				
15	操车液压油		按流程更换	每年				

（4）副井提升系统钳工闸间隙检查记录表封面见下页，记录表见表2-2-8。

副井提升系统
钳工闸间隙检查记录表

单位名称：

日　　期：________年____月

表 2-2-8　副井提升系统钳工闸间隙检测记录表

检查地点		
检查时间	每周星期二	
各制动单元的闸间隙检查数值	1 号： 3 号： 5 号： 7 号： 9 号： 11 号： 13 号： 15 号：	2 号： 4 号： 6 号： 8 号： 10 号： 12 号： 14 号： 16 号：
需调整制动单元调整后的闸间隙数值		
检查人员（签字）		

备注：表中所规定的检查时间为正常情况下的时间安排，若遇特殊情况，可以适当调整，但必须保证每周检查一次

第四节 庆发矿业副井提升系统设备润滑记录表

一、说明

1. 支撑对象

（1）设备随机说明书等技术文件。

（2）《运行车间副井提升管理制度》。

2. 适用范围

运行车间。

3. 填写要求

（1）采用黑色墨水填写，字迹清晰。

（2）禁止撕页、随意涂改，保持整洁。

（3）由单位主管领导审核签字盖章后进行归档。

4. 使用周期

每年。

5. 保存要求

保存期限：三年；保存地点：运行车间。

6. 印刷要求

幅面A4；封面1张，说明1张，表正反面印24张；封面采用加厚、加色纸张；说明及记录表采用80克书写纸；胶粘加钉，左侧装订。

7. 特殊说明

（1）电工和钳工按周期对表中各部位进行润滑并记录。

（2）车间内部及公司主管科室定期对记录本的使用填写情况进行检查，做到记录内容填写真实有效，保存整洁完好。

二、副井提升系统设备润滑记录表

副井提升系统设备润滑记录表封面见下页，记录表见表2-2-9。

副井提升系统
设备润滑记录表

单位名称：

日　　期：________年____月

表2-2-9 副井提升系统设备润滑记录表

年 月 日

序号	润滑部位	润滑油（脂）牌号	油（脂）量	润滑周期	润滑作业人	润滑时间	备注
1	主轴轴承	3号锂基脂	适量	季度			
2	主电机轴承	3号锂基脂	适量	每月			
3	（主电机风机）电机轴承	3号锂基脂	适量	每月			
4	冷却风机轴承室	46号汽轮机油	适量	季度			
5	天轮轴承	3号锂基脂	适量	季度			
6	天轮轴套	3号锂基脂	适量	每周			
7	转台轴承	3号锂基脂	适量	半年			
8	摇台轴承	3号锂基脂	适量	每周			
9	阻车器销轴	3号锂基脂	适量	每周			

注：润滑脂润滑时，润滑脂填满轴承和轴承座体空间的1/3～1/2。

第五节 庆发矿业副井提升系统提升机司机日检表、运行记录表

一、说明

1. 支撑对象

（1）《金属非金属矿山安全规程》（GB 16423—2006）6.3.3.23条款之规定。

（2）设备随机说明书等技术文件。

（3）《运行车间副井提升管理制度》。

2. 适用范围

运行车间。

3. 填写要求

（1）采用黑色墨水填写，字迹清晰。

（2）禁止撕页、随意涂改，保持整洁。

（3）由单位主管领导审核签字盖章后进行归档。

4. 使用周期

每月。

5. 保存要求

保存期限：三年；保存地点：运行车间。

6. 印刷要求

幅面A4；封面1张，说明1张，日检表正反面印16张；运行记录表正反面印16张；封面采用加厚、加色纸张；说明及记录表采用80克书写纸；胶粘加钉，左侧装订。

7. 特殊说明

（1）在日检检查结果（班次）相应栏内，符合标准要求的打“√”，不符合标准要

求的打“×”。其中，有数值的需要填写数值。运行记录表按实际填写运行参数和运行状态，并在运行情况说明栏内记录本班设备运行情况。

(2) 提升机司机在接班后进行设备点检，将点检中发现的问题或隐患，以及本班设备运行情况等内容在“情况说明”栏内详细记录；对发现的问题或隐患除做好记录外还应及时报维修工。

(3) 车间内部及公司主管科室定期对记录本的使用填写情况进行检查，做到记录内容填写真实有效，保存整洁完好。

二、副井提升系统提升机司机日常点检流程

副井提升系统提升机司机日常点检流程如图2-2-3所示。

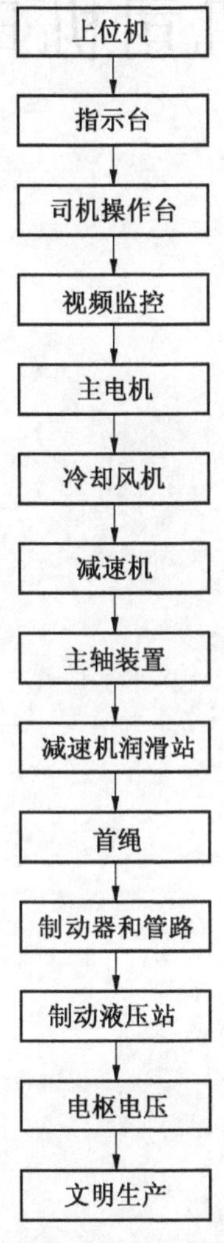

图2-2-3　副井提升系统提升机司机日常点检流程

三、副井提升系统提升机司机日检表及提升机运行记录表

(1) 副井提升系统提升机司机日检表封面见下页，点检表见表2-2-10。

副井提升系统
提升机司机日检表

单位名称：

日　　期：________年____月

表2-2-10 副井提升系统提升机司机日常点检表

年 月 日

序号	点检部位	检查标准	检查方法	班次 夜	班次 白	班次 中	点检情况说明
1	上位机	显示器与系统能正常连接(不能正常连接显示"!"),无故障报警,无黑屏现象	看				
		主机运行正常,无异响	听				
2	指示台	磁场电流表指示在(40.8±1)A	看				
		电枢电流表指示在0~±1614 A范围内	看				
		进线电压表指示在(1±7%)×10 kV范围内	看				
		速度表指示在0~7.97 m/s之间	看				
		润滑油压在0.15~0.4 MPa之间	看				
		制动油压表指示在(10±0.5)MPa之间;残压低于1 MPa	看				
		信号、运行光字牌显示正常	看				
		数字深度指示器指示与实际位置相符	看				夜班点检人:
		信号声音提示与实发信号相符	看				
3	司机操作台	柜内无电气焦糊味和电气放炮声音	闻、听				
		各转换开关、钥匙开关等在正常位置	看				
		速度手柄、闸控手柄动作灵活,状态可靠	试				
4	视频监控	画面清晰,摄像位置合适	看				
5	主电机	无异响(正常响声是连续的"嗡嗡"声)	听				
		无电气焦糊味	闻				
6	冷却风机	运行正常	看、听				
7	减速机	无渗漏	看				
8	主轴装置	无异响(正常声音是连续的机械摩擦声)	听				白班点检人:
		衬块无松动;制动盘无油污	看				
		智能闸检测无报警	看				
9	减速机润滑站	无渗漏	看				
		油泵运行无异响(正常响声是连续的"嗡嗡"声)	听				
10	首绳	排列整齐,无脱槽;无异常状态	看				
11	制动器及管路	无渗漏	看				
12	制动液压站	无渗漏	看				
13	电枢电压	指示在±660 V范围内	看				
14	文明生产	干净、整洁	看				中班点检人:

(2)副井提升系统提升机司机运行记录封面见下页,记录表见表2-2-11。

副井提升系统
提升机司机运行记录

单位名称：

日　　期：________年____月

表 2-2-11　副井提升系统提升机运行记录表

年　　月　　日

时　间	部　　位									运行状态
	进线电压表/kV	电枢电流表/A	磁场电流表/A	速度表/（$m \cdot s^{-1}$）	制动油压表 1/MPa	制动油压表 2/MPa	液压站油温/℃	润滑油压表/MPa	润滑站油温/℃	
00：00										
02：00										
04：00										
06：00										
08：00										
10：00										
12：00										
14：00										
16：00										
18：00										
20：00										
22：00										
	夜班记录人：			白班记录人：			中班记录人：			
设备运转事项记录										

第六节 庆发矿业副井提升系统信号(拥罐)工日常点检表

一、说明

1. 支撑对象

（1）《金属非金属矿山安全规程》（GB 16423—2006）6. 3. 3. 23 条款之规定。

（2）设备随机说明书等技术文件。

（3）《运行车间副井提升管理制度》。

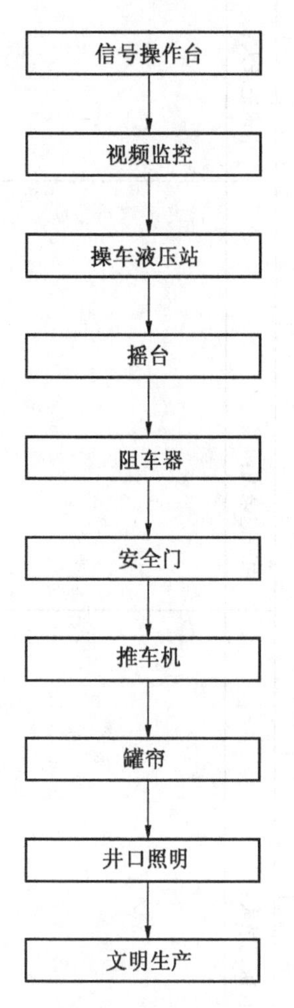

图 2-2-4 副井提升系统信号（拥罐）工日常点检流程

2. 适用范围

运行车间。

3. 填写要求

（1）采用黑色墨水填写，字迹清晰。

（2）禁止撕页、随意涂改，保持整洁。

（3）由单位主管领导审核签字盖章后进行归档。

4. 使用周期

每月。

5. 保存要求

保存期限：三年；保存地点：运行车间。

6. 印刷要求

幅面 A4；封面 1 张，说明 1 张，日检表正反面印 16 张；封面采用加厚、加色纸张；说明及记录表采用 80 克书写纸；胶粘加钉，左侧装订。

7. 特殊说明

（1）在日检检查结果（班次）相应栏内，符合标准要求的打“√”，不符合标准要求的打“×”。其中，有数值的需要填写数值。

（2）信号（拥罐）工在接班后进行设备点检，将点检中发现的问题或隐患，以及本班设备运行情况等内容在“情况说明”栏内详细记录；对发现的问题或隐患除做好记录外还应及时报维修工。

（3）车间内部及公司主管科室定期对记录本的使用填写情况进行检查，做到记录内容填写真实有效，保存整洁完好。

二、副井提升系统信号（拥罐）工日常点检流程

副井提升系统信号(拥罐)工日常点检流程如图 2-2-4 所示。

三、副井提升系统信号（拥罐）工日常点检表

副井提升系统信号（拥罐）工日常点检表封面见下页，点检表见表 2-2-12。

副井提升系统
信号(拥罐)工日常点检表

单位名称：

日　　期：________年____月

表 2-2-12　副井提升系统信号(拥罐)工日常点检表

年　　月　　日

序号	点检部位	点检基准	检查方法	班次			点检情况说明
				夜	白	中	
1	信号操作台	各指示灯指示正确	看				
		各操作按钮可靠；信号操车闭锁正常	试				
		柜内无电气焦糊味和电气放炮声音	闻、听				
2	视频监控	画面清晰，摄像位置合适	看				
3	操车液压站	油位在最高和最低限约 1/2 位置；油液不浑浊	看				
		压力表指示在（10 ±0.5）MPa 之间	看				
		油泵运行无异响（正常响声是连续的“嗡嗡”声）	听				夜班点检人：
		各部位无渗漏	看				
4	摇台	摇臂动作灵活可靠	看				
		油缸、管路无渗漏	看				
		润滑到位，无机械尖锐的干磨声	听				
5	阻车器	动作灵活可靠	看				
		油缸、管路无渗漏	看				
		滑润到位，无机械尖锐的干磨声	听				白班点检人：
6	安全门	动作灵活可靠	看				
		油缸、管路无渗漏	看				
		连接钢丝绳无断丝、变黑、锈皮、点蚀、麻坑等现象	看				
7	推车机	动作灵活可靠	看				
8	罐帘	无变形，动作灵活	看				
9	井口照明	正常	看				
10	文明生产	干净、整洁；井口无杂物	看				中班点检人：

第七节　庆发矿业副井提升系统设备故障记录表

一、说明

1. 支撑对象

（1）《金属非金属矿山安全规程》（GB 16423—2006）6.3.3.23 条款之规定。

（2）设备随机说明书等技术文件。

（3）《运行车间副井提升管理制度》。

2. 适用范围

运行车间。

3. 填写要求

（1）采用黑色墨水填写，字迹清晰。

（2）禁止撕页、随意涂改，保持整洁。

（3）由单位主管领导审核签字盖章后进行归档。

4. 使用周期

每年。

5. 保存要求

保存期限：三年；保存地点：运行车间。

6. 印刷要求

幅面 A4；封面 1 张，说明 1 张，表正反面印 30 张；封面采用加厚、加色纸张；说明及记录表采用 80 克书写纸；胶粘加钉，左侧装订。

7. 特殊说明

（1）设备运行中出现的故障和异常情况在此表记录，表中故障发生时间、解除时间、故障现象由岗位工填写，其余由维修工填写。

（2）车间内部及公司主管科室定期对记录本的使用填写情况进行检查，做到记录内容填写真实有效，保存整洁完好。

二、副井提升系统设备故障记录表

副井提升系统设备故障记录表封面见下页，记录表见表 2－2－13。

副井提升系统
设备故障记录表

单位名称：

日　　期：________年____月

表2-2-13　副井提升系统设备故障记录表

设备所属车间：　　　　设备名称：　　　　设备安装地点：

故障发生时间		故障解除时间		故障发生时间		故障解除时间	
故障现象							
故障发生部位							
处理方法							
原因说明							
备注							
故障维修人员		岗位人员		故障维修人员		岗位人员	

第八节 庆发矿业副井提升系统设备检修记录表

一、说明

1. 支撑对象

（1）《金属非金属矿山安全规程》（GB 16423—2006）6. 3. 3. 23 条款之规定。

（2）设备随机说明书等技术文件。

（3）《运行车间副井提升管理制度》。

2. 适用范围

运行车间。

3. 填写要求

（1）采用黑色墨水填写，字迹清晰。

（2）禁止撕页、随意涂改，保持整洁。

（3）由单位主管领导审核签字盖章后进行归档。

4. 使用周期

每年。

5. 保存要求

保存期限：三年；保存地点：运行车间。

6. 印刷要求

幅面 A4；封面 1 张，说明 1 张，表正反面印 30 张；封面采用加厚、加色纸张；说明及记录表采用 80 克书写纸；胶粘加钉，左侧装订。

7. 特殊说明

（1）设备计划性检修项目在此表记录，由维修工填写。

（2）车间内部及公司主管科室定期对记录本的使用填写情况进行检查，做到记录内容填写真实有效，保存整洁完好。

二、副井提升系统设备检修记录表

副井提升系统设备检修记录表封面见下页，记录表见表 2 – 2 – 14。

副井提升系统
设备检修记录表

单位名称：

日　　期：________年____月

表 2－2－14　副井提升系统设备检修记录表

设备名称：　　　　　　　　　　　　　　　　　　　设备安装地点：

检修时间	
检修类别	
检修原因	
检修内容和作业流程	
更换的主要材料、备件	
检修人员	

第三章 手 指 口 述

第一节 提升机司机手指口述

一、交接班前确认

交班司机确认接班司机精神状态，劳保穿戴情况。
(通用)
手指口述（内容）:
(手指）劳保着装（工作服、衣领、袖口、下摆、绝缘鞋等），（口述）精神状态良好、劳保穿戴整齐。

二、提升机启停手指口述

(1）启动顺序：风机、传动、润滑站油泵、复位、液压站油泵、操作手柄。
手指口述（内容）:
(手指）速度手柄，（口述）速度手柄在零位正常。
(手指）制动手柄，（口述）制动手柄在制动位正常。
(手指）风机启动按钮，（口述）启动风机，风机运行正常。
(手指）传动启动按钮，（口述）启动传动系统，励磁电流正常。
(手指）润滑站启动按钮，（口述）启动润滑站，润滑油压正常。
(手指）复位按钮，（口述）复位，软件安全就绪。
(手指）液压站启动按钮，（口述）启动液压站，工作油压正常。
(口述）提升机启动就绪，具备开车条件。
(2）停止顺序：操作手柄、液压站油泵、润滑站油泵、传动、风机、复位。
手指口述（内容）:
(手指）速度手柄，（口述）速度手柄在零位正常。
(手指）制动手柄，（口述）制动手柄在制动位正常。
(手指）液压站停止按钮，（口述）停止液压站，残压正常。
(手指）润滑站停止按钮，（口述）停止润滑站，残压正常。
(手指）传动停止按钮，（口述）停止传动系统，励磁电流归零。
(手指）风机停止按钮，（口述）停止风机运行。
(手指）复位按钮，（口述）复位，故障解除。
(口述）提升机停止完毕。

三、手指口述（点检）确认内容

(1) 指示仪表显示数值确认：闸控油压表、提升速度表、电枢电流表、电枢电压表、高压柜电压表、励磁电流表、深度指示器显示数值是否正常。

手指口述（内容）：

（手指）闸控油压表，（口述）工作油压、残压均正常。

（手指）提升速度表，（口述）速度正常。

（手指）电枢电流表，（口述）电枢电流正常。

（手指）电枢电压表，（口述）电枢电压正常。

（手指）高压柜电压表，（口述）高压电压正常。

（手指）励磁电流表，（口述）励磁电流正常。

（手指）深度指示器，（口述）与实际相符，正常。

(2) 主电机、风机、减速机、润滑站、编码器、测速电机、液压站确认。

手指口述（内容）：

（手指）主电机，（口述）无异响、异味，温度正常。

（手指）风机，（口述）滤网无堵塞，运转、风量均正常。

（手指）减速机，（口述）无渗漏，正常。

（手指）减速机润滑站，（口述）外观，仪表指示均正常。

（手指）编码器，（口述）固定正常。

（手指）测速电机，（口述）固定正常。

（手指）液压站，（口述）工作声音正常，仪表指示正常，阀件工作正常。

(3) 主轴装置、首绳确认。

手指口述（内容）：

（手指）主轴装置，（口述）轴承座、轴承、衬块均正常。

（手指）首绳，（口述）首绳正常。

(4) 控制台、信号柜、控制柜确认。

手指口述（内容）：

（手指）控制台，（口述）信号灯、开关、按钮均正常。

（手指）信号柜，（口述）信号光字牌指示正确，工作正常。

（手指）控制柜，（口述）柜门仪表指示正常，柜内正常。

四、确认工作场地有无隐患及本班有无遗留事项确认内容

手指口述（内容）：

（手指）工作场地，（口述）设备完好、工作场地无隐患，本班无遗留事项，同意交接班。

第二节 维修电工手指口述

一、交接班前确认

交班电工确认接班电工精神状态，劳保穿戴情况。

手指口述（内容）：

（手指）劳保着装（工作服、衣领、袖口、下摆、绝缘鞋等），（口述）精神状态良好、劳保穿戴整齐。

二、手指口述（点检）确认内容

（1）提升机系统点检确认，手指口述内容：

（手指）主电机（点检内容：运行声音正常，碳刷接触良好、无火花，温升正常），（口述）主电机正常。

（手指）主电机风机（点检内容：电动机运行声音正常、风量、温升正常），（口述）风机正常。

（手指）盘形制动器（点检内容：闸瓦磨损，弹簧疲劳，闸盘偏摆开关动作灵活可靠），（口述）盘形制动器正常。

（手指）制动液压站（点检内容：电机、油泵运转正常，温升正常，各电磁阀工作正常），（口述）制动液压站正常。

（2）操作台点检确认，手指口述内容：

（手指）提升速度表，（口述）速度正常。

（手指）电枢电流表，（口述）电枢电流正常。

（手指）电枢电压表，（口述）电枢电压正常。

（手指）高压柜电压表，（口述）高压电压正常。

（手指）励磁电流表，（口述）励磁电流正常。

（3）电控室点检确认，手指口述内容：

（手指）高压柜（点检内容：高压表指示在（1±7%）×10 kV 范围内、指示灯指示正常），（口述）高压柜正常。

（手指）低压柜（点检内容：柜内电气元件工作正常），（口述）低压柜正常。

（手指）变压器（点检内容：运行正常、无异常响声，数字温度表显示正常），（口述）变压器正常。

（手指）电源柜（点检内容：电气元件工作正常，柜内无异味、无异常声响），（口述）电源柜正常。

（手指）数控柜（点检内容：各模板工作指示灯正常，无异常声响），（口述）数控柜正常。

（手指）传动柜（点检内容：柜内各电气元件、装置工作正常，无异味），（口述）传动柜正常。

（手指）直流屏（点检内容：指示灯、仪表指示正常，电池工作正常，柜内无异常声响)，(口述)直流屏正常。

(4)操车系统点检确认，手指口述内容：

(手指)信号操作台(点检内容：各指示灯指示准确、正常，各操作按钮灵活可靠)，(口述)信号操作台正常。

(手指)安全门、摇台、阻车器、推车机(点检内容：各联锁开关能按要求动作，各限位开关动作正常)，(口述)安全门、摇台、阻车器、推车机正常。

(5)井筒开关点检确认，手指口述内容：

(手指)各井筒开关(点检内容：固定牢固、动作位置准确、接线不松动)，(口述)井筒开关正常。

三、手指口述日常维修确认内容

(1)低压检修确认，手指口述内容：

(手指)断开开关，(口述)断开开关，验电。

(手指)断开开关，(口述)挂“有人检修，切勿合闸”警告牌方可检修。

(2)高压线路检修确认，手指口述内容：

(手指)高压绝缘手套、高压绝缘靴、高压验电笔、高压绝缘杆，(口述)高压工具合格，无破损。

(手指)高压断路器，(口述)断电，验电，确认已断电。

(手指)蹬杆脚扣、安全带、接地线，(口述)连接安全可靠。

(手指)施工杆前一杆，(口述)悬挂接地线，地线悬挂完毕，可以施工。

第三节 维修钳工手指口述

一、交接班前确认

交班钳工确认接班钳工精神状态，劳保穿戴情况。

手指口述(内容)：

(手指)劳保着装(工作服、衣领、袖口、下摆、绝缘鞋等)，(口述)精神状态良好、劳保穿戴整齐。

二、手指口述(点检)确认内容

(1)提升机系统点检确认，手指口述内容：

(手指)主轴装置、天轮(导向轮)装置，(口述)主轴、天轮(导向轮)正常。

(手指)主滚筒(点检内容：衬块无松动，磨损不超限)，(口述)主滚筒正常。

(手指)主电机风机(点检内容：轴承润滑良好，滤网清洁无堵塞)，(口述)风机正常。

(手指)减速机(点检内容：运转良好，密封良好)，(口述)减速机正常。

(手指)联轴器(点检内容：运转良好，棒销磨损正常)，(口述)联轴器正常。

(2)润滑系统、制动系统点检确认，手指口述内容：

（手指）润滑站（点检内容：油位正常，油压正常，油温正常，油质良好；电机、泵连接正常，运转正常；管路无渗漏），（口述）润滑站正常。

（手指）制动系统（点检内容：①制动盘：表面无锈蚀、无油污，无深度划痕；②盘型制动器：动作正常无泄漏、闸间隙不超限；③液压站：油位正常，油压正常，油温正常，油质良好，残压不超过 1 MPa；电机、泵连接正常；各阀件工作正常，功能完好），（口述）制动系统正常。

（3）悬挂装置点检确认，手指口述内容：

（手指）悬挂装置（点检内容：①首绳悬挂，各连接可靠，油缸无渗漏、未到极限位置，连接组件无损伤，无渗漏；②首绳悬挂，各连接可靠，转台灵活、润滑良好，尾绳根部无锈蚀、断丝等现象），（口述）悬挂装置正常。

（4）首绳点检确认，手指口述内容：

（手指）首绳（点检内容：摆动幅度小，无脱槽现象，张力均衡），（口述）首绳正常。

（5）尾绳点检确认，手指口述内容：

（手指）尾绳（点检内容：摆动幅度小，转动灵活，无异常现象），（口述）尾绳正常。

（6）罐笼点检确认，手指口述内容：

（手指）罐笼（点检内容：框架无变形，罐帘升降灵活，滚轮罐耳间隙合适，连接紧固，润滑良好），（口述）罐笼正常。

（7）平衡锤点检确认，手指口述内容：

（手指）平衡锤（点检内容：框架无变形，重锤摆放整齐，滚轮罐耳间隙合适，连接紧固，润滑良好），（口述）平衡锤正常。

（8）操车系统点检确认，手指口述内容：

（手指）液压站（点检内容：油位正常，油压正常，油温正常，油质良好；电机、泵连接正常，运转正常；管路无渗漏），（口述）液压站正常。

（手指）安全门（点检内容：框架无变形，滑轮转动灵活，油缸无渗漏、动作灵敏，各连接部位固定可靠），（口述）安全门正常。

（手指）摇台（点检内容：动作灵活到位、润滑良好，油缸无渗漏，各连接部位固定可靠），（口述）摇台正常。

（手指）阻车器（点检内容：动作灵活到位、润滑良好，油缸无渗漏，各连接部位固定可靠），（口述）阻车器正常。

（手指）推车机（点检内容：动作灵敏可靠，液压马达工作正常），（口述）推车机正常。

三、电气焊操作手指口述

（1）电焊操作前手指口述：

（手指）电焊机，（口述）电焊机电压正常，电流调节合适，接地良好。

（手指）电焊面罩、电焊手套，（口述）电焊防护用品穿戴整齐。

（2）气焊操作前手指口述：

（手指）氧气瓶、乙炔瓶，（口述）氧气瓶和乙炔瓶安全距离 7 m 以上，安全可靠。

（手指）乙炔瓶，（口述）乙炔表、回火装置、乙炔带安装正常，压力正常。

（手指）氧气瓶，（口述）氧气表、氧气带安装正常，压力正常。

（手指）气焊防护用品穿戴整齐。

第四节 信号工手指口述

一、交接班前确认

交班信号工确认接班信号工精神状态，劳保穿戴情况。

手指口述（内容）：

（手指）劳保着装（工作服、衣领、袖口、下摆、绝缘鞋等），（口述）精神状态良好、劳保穿戴整齐。

二、手指口述（点检）确认内容

（1）交接班安全确认：劳保穿戴齐全，装束规范，证件齐全，记录填写完整；交接内容和注意事项具体；点检部位安全门、罐帘、信号装置、安全装置是否完好，工作场所无隐患。

手指口述（内容）：

（手指）劳保穿戴，（口述）劳保穿戴整齐，确认完毕。

（手指）试打信号，（口述）信号正常。

（手指）试车安全装置，（口述）安全装置正常。

（手指）点检各部位，（口述）某某部位正常（此项按照点检本内容操作）。

（手指）确认作业场所危险源点，（口述）工作场地无隐患，确认完毕。

（2）罐笼下放作业时安全确认：罐帘是否放下，安全门是否已关闭。

手指口述（内容）：

（手指）罐帘，（口述）放下罐帘，罐帘到位。

（手指）伸直右臂指向安全门，从面前 135°角指至 90°角，（口述）安全门关闭，安全门关闭到位。

（手指）伸直左臂指向摇台，从面前 45°角指至 90°角，（口述）摇台抬起，摇台抬起到位。

（手指）去向水平手势，（口述）去××水平，请发信号。

（3）罐笼到位作业时安全确认：罐笼停车是否到位，罐帘是否打开，安全门是否打开。

手指口述（内容）：

（手指）罐笼停车点，（口述）罐笼到位。

（手指）伸直左臂指向摇台，从面前 90°角指至 45°角，（口述）摇台落下，摇台落下到位。

（手指）伸直右臂指向安全门，从面前 90°角指至 135°角，（口述）安全门开启，安全门开启到位。

（手指）罐帘，（口述）罐帘已撩起。

（手指）出入井登记本，（口述）请登记！

（4）入井前提示，安全确认：入井卡、井下照明灯、自救器、安全帽、井下用工作服、人机定位卡、矿用雨靴等防护用具齐全。

手指口述（内容）：

向候罐人员发出提示信息：（口述）本次罐笼去往××水平，请检查劳保穿戴，做好入井准备。（手指）罐笼侧，（口述）温馨提示语！

第四章 标准化工作流程

第一节 制动器闸间隙检测调整工作流程

一、工作目的

制动器是直接作用于制动轮盘上产生制动力矩的机构，它与液压站组成矿井提升机的制动系统，用于提升机的工作制动和安全制动。庆发矿业副井提升机由中信重工机械股份有限公司制造，主机型号为JKMD－3.5×4（I），液压站型号为E149F，盘形制动装置由4个支架、8对制动器构成。制动器作为制动系统的执行部件，在提升系统运行过程中起着关键作用。为保证提升机制动器安全可靠地工作，特制定本工作流程。

二、工作准备

作业人员：维修钳工、卷扬司机。
使用工具：塞尺、活口扳手、闸间隙专用调整扳手。
劳动防护用品：安全帽、工作服、防砸防穿刺劳保鞋。
闸间隙调整标准：0.8～1 mm。
要求：劳保穿戴齐全，一人操作一人监护，记录数据准确翔实。

三、作业前工作布置会

（1）闸间隙检测调整监护人作为此次工作的负责人，负责组织工作布置会。
（2）学习工作流程及安全注意事项。

四、工作流程

1. 安全确认步骤

（1）停机状态下，检查每组制动器的状态，确认制动器抱紧。

（2）关闭制动器上全部控制闸阀，指挥卷扬司机在调闸模式下启动液压站，推动制动手柄至工作位，系统油压升至正常运行压力（10 MPa），确认每组制动器抱紧状态无变化。卷扬司机把制动手柄拉回制动位，确认油压小于残压值（1 MPa以下）。

2. 检查调整步骤

完成安全确认步骤后方可进行检查调整。

（1）打开第一对制动器控制闸阀，卷扬司机推动制动手柄至工作位，向第一对制动器供压，确认压力达到正常运行压力，该对制动器处于打开状态。

（2）使用塞尺对闸间隙进行测量，符合标准值，记录。

(3) 不符合标准值，进行调整。调整方法：先打开锁紧螺母，利用专用扳手对调整螺母进行调整，使闸间隙达到标准值，再拧紧锁紧螺母。

(4) 第一对制动器闸间隙检测结束后，卷扬司机将制动手柄拉回制动位，确认压力表达到正常残压指示，该制动器抱紧。

(5) 关闭第一对制动器控制闸阀，该对制动器闸间隙检测调整完毕。

(6) 其余制动器闸间隙检测调整按上述方法依次进行。

(7) 检查调整完毕，卷扬司机关闭液压站，维修人员将控制闸阀全部打开。

3. 试车运行

检查调整步骤结束后，进行试车运行，观察提升机各项参数是否正常。

第二节　提升电控设备除尘工作流程

一、工作目的

提升机电控设备是实现提升机工艺控制和安全保护的硬件基础，提升电控主要由高压配电系统、低压电源分配系统和操作系统组成。由于操作系统对环境要求较高，为保证提升系统的正常运转，特制定本工作流程。

二、工作准备

操作人员：维修电工。

使用工具：吸尘器、抹布、吹风机、验电笔、螺丝刀、扳手。

劳动防护用品：安全帽、工作服、绝缘鞋。

除尘标准：设备见本色，除尘到位无死角。

要求：防尘口罩等劳保穿戴齐全，一人操作一人监护，记录准确翔实。

三、作业前工作布置会

(1) 电控设备除尘监护人作为此次工作的负责人，负责组织工作布置会。

(2) 学习工作流程及安全注意事项。

四、工作流程

(1) 确认待除尘设备1号整流柜、2号整流柜、切换柜、调节柜、提升数控柜具备停电条件，并检查周围环境有无不安全因素。

(2) 按照操作票分别对1号、2号馈电柜以及低压电源柜、电控 UPS 进行停电操作。

(3) 由操作人对该待除尘设备进行验电，确认设备已经停电。在停电部位悬挂“有人工作，禁止合闸”标识牌。

(4) 由操作人对该设备进行除尘。除尘过程应按照由上到下的原则，先用吸尘器除尘，边角以及吸尘器难以清除的部位用干抹布清理。

(5) 除尘结束后，应对除尘设备内部接线进行逐项检查，确认除尘过程中无松动和脱落；确认没有工具遗漏在设备内部。检查无误后，恢复除尘设备原状。

（6）操作人员对周围卫生进行清理，保证工作区域卫生整洁。

（7）摘掉“有人工作，禁止合闸”标识牌。按操作票对该设备恢复送电。有隔离操作的，必须按照先合隔离再合断路器的顺序操作。

（8）恢复送电后，启动该设备，试运行，确认设备运行正常。

（9）规范填写除尘记录。

第三节 提升机首绳验绳工作流程

一、工作目的

多绳摩擦式提升机采用挠性体摩擦传动原理，数根钢丝绳搭在摩擦轮上，利用钢丝绳与衬垫间的摩擦力来实现提升或下放。庆发矿业副井提升机为4根首绳的落地式摩擦提升机，首绳参数为6V×37S+FC-34-1770。首绳作为提升系统安全保障的重要组成部件，验绳工作有着重要意义。为规范提升机首绳验绳工作，特制定本工作流程。

二、工作准备

操作人员：维修钳工、卷扬司机。

使用工具：游标卡尺、对讲机。

劳动防护用品：安全帽、工作服、安全带、防砸防穿刺劳保鞋。

验绳标准：①以钢丝绳标称直径为准计算的直径减小量达到10%时，应更换；②一个捻距内的断丝断面积与钢丝总断面积之比，达到5%应更换；③钢丝绳的钢丝有变黑、锈皮、点蚀麻坑等损伤时，不应用于升降人员；④钢丝绳锈蚀严重，或点蚀麻坑形成沟纹，或外层钢丝松动时，不论断丝数多少或绳径是否变化，应立即更换。

要求：安全带等劳保穿戴齐全，一人操作一人监护，验绳过程中，提升机速度不能高于0.3 m/s，记录数据准确翔实。

三、作业前工作布置会

（1）首绳验绳监护人作为此次工作的负责人，负责组织工作布置会。

（2）学习工作流程及安全注意事项。

四、工作流程

（1）操作人员指挥卷扬司机把罐笼停在与井口持平位置。

（2）在井口配重侧，操作人和监护人穿戴好安全带，并将安全带固定到安全位置。

（3）移开井口配重侧护栏，铺上木板，木板铺设应与钢丝绳保持一定距离。

（4）操作人使用游标卡尺分别对4根钢丝绳进行测量。每根每个点测量两次，角度90°，取平均值。

（5）一个点测量结束后，操作人指挥卷扬司机下放提升机。下放过程中，操作人员应仔细观察钢丝有无断丝、跳丝、锈蚀等现象，若发现可疑情况，应指挥卷扬司机停车进行仔细检查，并翔实记录。

(6) 下放 20 m 停车，提升机停稳后，操作人员才可对该点进行测量直至测量结束。

(7) 拆除铺设的木板、恢复配重侧围栏，结束验绳工作。

第四节　天轮轴套加油工作流程

一、工作目的

天轮在提升系统中具有支撑钢丝绳和提升容器重量，以及引导钢丝绳转向的作用。庆发矿业副井提升系统共有两个天轮，每个天轮由 1 个固定轮和 3 个游动轮组成。作为提升系统重要一环，天轮润滑工作至关重要。为保证天轮正常工作，特制定本工作流程。

二、工作准备

操作人员：维修钳工、卷扬司机。

使用工具：扳手、加油泵、对讲机。

劳动防护用品：安全帽、工作服、安全带、防砸防穿刺劳保鞋。

加油标准：有新油自天轮中心轴位置溢出。

要求：安全带等劳保穿戴齐全，一人操作一人监护，记录数据准确翔实。

三、作业前工作布置会

(1) 天轮轴套加油监护人作为此次工作的负责人，负责组织工作布置会。

(2) 学习工作流程及安全注意事项。

四、工作流程

(1) 操作及监护人员穿戴好安全带，在登上天轮平台过程中，应扶好栏杆。登上天轮平台后，将安全带固定在安全位置。

(2) 操作人员检查电动加油泵电源是否完好，加油泵是否正常。正常后，在加油泵中加入 3 号锂基脂。

(3) 操作人通过对讲机指挥卷扬司机，将天轮转动到合适位置。在提升机停稳后，操作人员使用扳手打开天轮油堵螺栓，连接加油泵和加油嘴，启动加油泵开始加油。当有新油自天轮中心轴位置溢出后，停止加油泵，拆开加油泵与油嘴的连接，拧紧油堵螺栓，该处加油完毕。

(4) 重复上述操作给另外加油点加油直至结束。

(5) 确认所有工（器）具已收回，现场环境安全后指挥卷扬司机试运行提升机。一切正常后，操作人员撤场。

第五节　提升机主电机除尘工作流程

一、工作目的

提升机主电机作为提升机的拖动系统，是提升系统主要组成部分。庆发矿业副井提升机主电机采用他励式直流电动拖动，其主要参数：功率：1000 kW；电压：660 V；电流：1614 A；转速：500 r/min。为保障主电机正常运行，特制定本工作流程。

二、工作准备

操作人员：维修电工。

使用工具：扳手、氧气瓶、铜管、氧气带、验电器、接地线、绝缘手套。

劳动防护用品：安全帽、工作服、绝缘鞋。

要求：劳保穿戴齐全，一人操作一人监护，记录准确翔实。

三、作业前工作布置会

（1）主电机除尘监护人作为此次工作的负责人，负责组织工作布置会。

（2）学习工作流程及安全注意事项。

四、工作流程

（1）按操作票断开1号、2号馈线柜断路器，把1号、2号馈线柜手车摇至试验位置，把1号、2号馈线柜接地刀操作至合位，对主电机验电，确认已停电。

（2）在1号、2号馈线柜位置悬挂“有人工作，禁止合闸”的标识牌。

（3）从主电机两侧分别打开主电机外壳封板。

（4）把氧气带与铜管连接好，并接入氧气瓶，确认压力正常。

（5）打开氧气瓶开关，把铜管伸入主电机内，由一端向另一端吹风除尘。

（6）确认主电机内接线无松动，电机内无工具遗漏。恢复主电机外壳封板。

（7）确认主电机接线端子的接线牢固。

（8）摘除“有人工作，禁止合闸”标识牌。

（9）按操作票恢复主电机电源，向主电机供电。确认绝缘指示正常。

（10）试运转提升机，听电机声音，观察换向火花情况，确认电机运转正常。

第六节 提升机首绳调绳工作流程

一、工作目的

庆发矿业副井提升机首绳参数为6 V×37S+FC－34－1770。首绳在使用过程中会延展伸长，而每根钢丝绳延展长度不一致，会影响提升机的正常运行。为了及时发现并根据首绳延展情况进行调整，规范首绳调绳工作，特制定本工作流程。

二、工作准备

操作人员：维修钳工。

使用工具：手动打压泵、2 t倒链、电动扳手、氧气、乙炔、大锤、铜棒。

劳动防护用品：安全帽、工作服、安全带、防砸防穿刺劳保鞋。

调绳标准：1号、2号、3号、4号钢丝绳长度一致。

要求：安全带等劳保穿戴齐全，记录准确翔实。

三、作业前工作布置会

（1）调绳监护人作为此次工作的负责人，负责组织工作布置会。
（2）学习工作流程及安全注意事项。

四、工作流程

根据排列位置，由北至南依次将其编号为1号、2号、3号、4号。现以调整1号、4号绳，2号、3号绳不动为例说明具体调绳流程如下：

（1）将配重侧提至井口处适合打压位置时（连接组件到井口上方1 m左右）停车，作业人员系好安全带，用手动打压泵将4个油缸内的液压油放出来。注意必须放出1个油缸内油后，使放出的那根钢丝绳滑动至滚筒之后，再依次放出其他3个油缸内的压力油，并关闭各自油缸的阀门。

（2）将罐笼以2 m/s的速度提至井口处停车，在井架合适位置（现场根据情况定，可以从天轮平台梁上挂钢丝绳扣）悬挂2 t倒链，作为起吊调绳油缸和起吊钢丝绳绳头的吊点。

（3）根据调绳油缸活塞杆伸出的长度，确定调绳的先后顺序。应该先调活塞杆伸出最长的2个油缸，假定1号、4号油缸（最外侧）活塞伸出最长。

（4）将2号、3号绳油缸内打满油，并关闭各自的油管阀门。

（5）将2号、3号绳根据计算的伸出长度，通过调绳油缸进行打压，使罐笼提至计算的高度（一般情况下，调绳是根据绳的弹性伸长随时调整的，一般调整一轮就行，即小于油缸行程；但现场有时为了减少调绳次数，一般都调两轮，步骤一样），此时1号、4号绳已松弛。

（6）将1号、4号绳油缸内的油全部放掉，并关闭各自阀门；分别用2台2 t倒链吊住调绳油缸，使之不倒向一侧。用电动扳手将调绳油缸上的楔形绳环的螺丝拆下来，再用大锤和铜棒作为投出楔形环的专用工具，将楔形环投到下端。然后用1台2 t倒链将该绳头拽出，计算出的钢丝绳伸出量，再上紧卡块，用气割工具或火焰切割工具将多余的钢丝绳割掉。

（7）将1号、4号绳油缸打压，使1号、4号绳张紧，关闭总阀门，再打开1号、2号、3号、4号绳的各自阀门使其张力一致。

第七节　提升机首绳张力检测工作流程

一、工作目的

庆发矿业副井提升机首绳参数为6V×37S+FC-34-1770。首绳在使用过程中会延展伸长，而每根钢丝绳延展长度不一致，会影响提升机的正常运行。根据《金属非金属矿山安全规程》（GB16423—2006）6.3.3.15的要求，为了及时发现并根据首绳延展情况进行调整，规范首绳张力检测工作，特制定本工作流程。

二、工作准备

操作人员：维修钳工。
使用工具：自制推绳工具、秒表。
劳动防护用品：安全帽、工作服、安全带、防砸防穿刺劳保鞋。
要求：安全带等劳保穿戴齐全，一人操作一人监护，记录准确翔实。

三、作业前工作布置会

（1）首绳张力检测监护人作为此次工作的负责人，负责组织工作布置会。
（2）学习工作流程及安全注意事项。

四、工作流程

（1）操作人员指挥提升机司机把罐笼停在与井口持平位置。
（2）在井口配重侧，操作人和监护人穿戴好安全带，并将安全带固定在安全位置。
（3）将标尺固定到适当位置。
（4）用工具将钢丝绳推至标尺固定刻度，迅速松开，观察钢丝绳，回弹波出现时，监护人计时并记录。
（5）重复此流程，分别对其他3根钢丝绳进行检测。
（6）对检测时间进行记录比较。
（7）检测完后，清理作业场地，确认所有工具已收回，操作人员撤离。

第八节 安全门油缸更换工作流程

一、工作目的

安全门的好坏直接影响提升机的安全运行。因此，当安全门油缸出现问题时，应立即更换。为了规范安全门油缸更换工作，保证提升机的安全运行，特制定本工作流程。

二、工作准备

操作人员：维修钳工。
使用工具：倒链、活口扳手、梯子、绳套。
劳动防护用品：安全帽、工作服、安全带、防砸防穿刺劳保鞋。
要求：安全带等劳保穿戴齐全，由专人负责监护。

三、作业前工作布置会

（1）安全门油缸更换监护人作为此次工作的负责人，负责组织工作布置会。
（2）学习工作流程及安全注意事项。

四、工作流程

（1）操作人员指挥提升机司机将罐笼提至井口。

（2）操作人员指挥信号工打开安全门，用倒链将安全门挂起，关闭液压站。
（3）拆除油缸连接油管，再拆单向节流阀，最后将油缸拆下。
（4）更换新油缸并固定。
（5）连接单向节流阀和油缸连接油管。
（6）试运行。
（7）更换完后，清理场地，确认所有工具已收回，操作人员撤离。
（8）填写《设备检修记录表》。

第九节　盘形制动器更换工作流程

一、工作目的

盘形制动器在使用过程中，如果渗漏超过0.5 mL/s（在回油盒处接油测量），或者碟簧使用时间超过产品说明书的规定（1年或5×10^5次制动作用后），应及时更换制动器。制动器更换时，应逐步交替更换，每次最多更换一对，待其工作一段时间使接触面积达到要求后，再更换另外的制动器，这样既保证了运转的安全性，又不影响生产。为了有效地指导制动器的更换工作，特制定本工作流程。

二、工作准备

操作人员：维修钳工、电工、提升机司机。

使用工具：新制动器一对、力矩扳手1套、活口扳手1套、$\phi6$（$L=1$ m）钢丝绳套2件、适量46号抗磨液压油、专用月牙扳手。

劳动防护用品：安全帽、工作服、绝缘劳保鞋、防砸防穿刺劳保鞋。

要求：劳保穿戴齐全，由专人负责监护。

三、作业前工作布置会

（1）盘型制动器更换监护人作为此次工作的负责人，负责组织工作布置会。
（2）学习工作流程及安全注意事项。

四、工作流程

（1）提升机停车后，将不需要更换的各组制动器控制阀门全部关闭。

（2）拆除需要更换的这组制动器的闸检测传感器（闸盘偏摆传感器）和制动器与液压站之间的连接油管。

（3）拆卸制动器：①用$\phi6$钢丝绳套分别将制动器与副井提升机房起重机吊钩相连，保持钢丝绳拉直即可（钢丝绳与制动器处于垂直方向）；②用力矩扳手将盘形闸与支座的连接螺栓逐一拆掉（记录螺母松动时力矩扳手最大值）；③将拆掉的制动器吊至合适位置。

（4）安装新制动器：①检查制动盘是否有油污或者锈蚀；②用$\phi6$钢丝绳套将新制动器吊装到位；③安装盘形闸与支座的连接螺栓，并用力矩扳手拧紧到图纸所要求的力矩为止（如果图纸没有相关数据，可咨询厂家或者参考拆卸时记录的螺母松动力矩扳手的最大值）。

（5）清洗油管，将盘式制动器接上相应油管，使盘式制动器与液压站相连。

（6）排出液压制动系统中的空气。

（7）调整新安装闸间隙，详见《制动器闸间隙检测调整工作流程》。

（8）安装好新装制动器的闸检测传感器（闸盘偏摆传感器）。

（9）打开其余各组制动器的控制阀门。

（10）提升机试车运行2~3次，停车检查新安装的这组制动器的闸间隙是否与初调时一致，无问题后通知提升机司机可以正常开车。

（11）清理好作业场地。

（12）填写《设备检修记录》。

第十节 罐笼侧调绳油缸更换工作流程

一、工作目的

多绳提升钢丝绳张力自动平衡悬挂装置在使用中，存在因调绳油缸密封件老化导致漏油的现象，因此在设备维护管理过程中应对其进行计划性更换检修，确保多绳提升机运行安全。为规范调绳油缸更换工作，特制定本工作流程。

二、工作准备

操作人员：维修钳工、卷扬司机、信号工

使用工具：25 t卡绳器（含配套板卡2副）1件、2 t倒链1件、撬棍（$L=1$ m）1件、$\phi10$（$L=0.5$ m）钢丝绳套2件、$\phi34$钢丝绳套（$L=1$ m）1件、$\phi34$绳卡4件、活口扳手1套、工字钢36a（$L=3$ m）2根、调绳油缸1件。

劳动防护用品：安全帽、工作服、安全带、防砸防穿刺劳保鞋。

要求：安全带等劳保穿戴齐全，由专人负责监护。

三、作业前工作布置会

（1）罐笼侧调绳油缸更换监护人作为此次工作的负责人，负责组织工作布置会。

（2）学习工作流程及安全注意事项。

四、工作流程

（1）将罐笼提升至井口，罐笼顶部与井口水平平齐。

（2）在平衡锤侧离井口约2 m的井架梁上将工字钢36a（$L=3$ m）2根放置在需更换油缸的对应钢丝绳两侧，用卡绳器锁住该钢丝绳，加装1副绳卡。

（3）在需更换油缸的悬挂装置对应的楔形绳卡上方约1 m（根据起吊油缸的位置确定）将$\phi34$钢丝绳套与提升绳固定，用$\phi10$钢丝绳套与之相连，挂好倒链。

（4）关闭不需更换油缸的各分阀。

(5) 连好调绳油缸的打压机，打开调绳油缸连通器的总开关，启动打压机泄压，并用撬棍使油缸活塞杆缩回（悬挂装置保持不偏摆），把需要更换的调绳油缸内的液压油全部放掉，拆掉打压机。

(6) 拆掉旧油缸连通油管，用倒链固定好旧油缸，拆掉张力自动平衡悬挂装置挡板、压板和油缸连接螺栓，将旧油缸拉出，放到井口不影响作业的地方。拆卸过程中一定要固定好旧油缸，防止油缸落井。

(7) 将新油缸吊运、安装到位，接好连接油管。再次把打压机与调绳油缸连接好，向新油缸充液，使新油缸活塞杆伸出长度接近于更换前长度。

(8) 打开所有油缸分阀门，使新油缸进入连通状态，进行打压。打压好后，关掉调绳油缸连通器的总开关，拆掉打压机。

(9) 拆除平衡锤侧的卡绳器、工字钢；拆掉油缸吊装用工字钢和倒链。

(10) 清理好作业场地。

(11) 正常速度运行两次，观察新换油缸运行情况，无问题后通知信号工、提升机司机可以正常开车。

(12) 填写《设备检修记录》。

第十一节 提升机制动液压站液压油更换工作流程

一、工作目的

制动液压站液压油在使用过程中，如果发现色度变化、浑浊、沉淀物和气味变化等现象，或者达到设备使用维护要求的换油周期时，要立即对液压油进行更换。为了指导制动液压站液压油的更换工作，保证液压油的更换效果，特制定本工作流程。

二、工作准备

操作人员：维修钳工、维修电工、提升机司机。

使用工具：127L 空油桶 5 个、127L YB－N46 抗磨液压油 5 桶、滤油机 1 台、网式过滤器 2 个、各阀件密封圈各 2 套、绸布或尼龙布适量、面粉适量、汽油适量、面盆 2 个、活口扳手 1 套、十字改锥 1 件。

劳动防护用品：安全帽、工作服、绝缘劳保鞋、防砸防穿刺劳保鞋。

要求：劳保穿戴齐全，由专人负责监护。

三、作业前工作布置会

(1) 提升机制动液压站液压油更换监护人作为此次工作的负责人，负责组织工作布置会。

(2) 学习工作流程及安全注意事项。

四、工作流程

(1) 提升机停车后，将制动器控制阀门全部关闭。

（2）把需更换液压油的液压站油箱盖板上的空气滤清器盖打开，用滤油机将液压站里的旧油抽到空油桶里面；当液位低到无法用滤油车抽旧油时，打开液压站的放油阀门，将油箱底部剩余的旧油放到准备好的面盆里，直到放尽。

（3）打开液压站旁边的人孔端盖，用调制好的面团清理油箱底部残油及污垢，特别是各个角落。

（4）拆卸进油口的网式过滤器，将新的网式过滤器安装到位。

（5）拆卸并清洗各阀件，更换阀件密封圈（注意：这一步在平时维护和液压油的更换中，如果不是有经验的钳工，一般不建议拆卸、清洗）。

（6）拆卸靠近液压站的一段油管，放掉管内残油，清洗油管。

（7）用绸布或尼龙布擦拭干净油箱及各阀件安装端面，安装好人孔端盖及各阀件，关闭放油阀门。

（8）清洗滤油机滤芯。

（9）用滤油机向油箱里加新油到规定液位，注意观察液位计，一般加到液位计显示区域的2/3稍多一点位置即可。

（10）安装好靠近液压站的一段油管，先暂时不与制动器管路相连，启动液压站，当新油从油管中流出10 s左右时，关闭液压站，连接好管路。

（11）观察液压站油位，油位正常后，拆掉滤油机，安装好空气滤清器盖。

（12）启动液压站约10 min，观察各部件、管路有无渗漏现象，各仪表显示是否正常。

（13）打开各制动器控制阀门，无问题后通知提升机司机可以正常开车。

（14）清理好作业场地。

（15）填写《设备检修记录》。

第三部分

制度建设篇

第一章 安全技术操作规程

第一节 提升机司机安全技术操作规程

(1) 上班前必须正确佩戴劳动保护用品，机房每班人员不得少于两人，即一名正司机、一名副司机，正司机负责操作，副司机负责监护。

(2) 提升机司机必须经专门技术培训并考试合格后，方能上岗。上岗时必须持特种作业证。

(3) 提升机司机班前饮酒、精神状态不佳、身体不适不得上岗操控设备。

(4) 提升机司机开车前须全面检查信号系统、电控系统、制动系统、安全保护装置、仪表指示等是否完好。查出问题，立即通知当班维修人员处理，否则不准开车。

(5) 每班升降人员之前，提升机司机应开一次空车，检查提升机的运转情况，并将检查结果记录存档。

(6) 提升机司机上班时间不准做与工作无关的事情，不准擅离岗位。提升机司机开车时要集中精力，不得与人交谈，严格遵守信号不明不开车的规定。

(7) 提升机运行时，司机应注意设备运转声音是否正常。司机要观察操作台上信号、仪表等指示情况，发现异常，应立即停车，通知当班维修人员处理。消除故障后方可开车，并记录故障停车时间、故障现象、修复时间。

(8) 在特殊工作状态进行操作时，必须严格按照特殊工作状态的规定（如下放超长大件物品、下放火工材料、检修状态等）进行操作。

(9) 非操作人员不得随意进入提升机房。公司各科室人员需要进入时，必须进行登记；公司以外人员进入参观、学习时，必须有公司相关部门人员带领并如实登记进入人员信息。

第二节 维修电工安全技术操作规程

(1) 工作前穿戴好劳保用品，不得单人作业。

(2) 任何电气设备未经检验均视为有电，不准用手触摸。

(3) 对重要线路和重要工作场所的停送电，对10 kV以上电气设备的检修，须持有主管领导签发的工作票，方准进行作业。

(4) 禁止带电检修或搬动任何带电设备（包括电线和电缆），检修和搬动时，必须先切断电源并将导体完全放电和接地。

(5) 停电检修时，必须验电、放电和将线路接地，并且悬挂“禁止合闸，有人工作”的警示牌。检修完毕送电前，必须进行现场清理，确认设备、线路恢复正常，无短接线或接地线，操作所带工具无遗留，方可送电。

（6）电气设备的金属外壳必须接地，接地线要符合规格要求，不得随意取消或取代。

（7）电器、线路拆除后，裸露线头必须及时用绝缘胶布包扎好。

（8）动力配电盘、配电箱、开关、变压器等各种电气设备附近，严禁放置易燃、易爆、潮湿等物品。

（9）维修工作结束后，必须清点所有工具零件，不得遗留在设备内。

（10）在井筒中作业时，必须正确佩戴劳保防护用品，带好照明工具和通信工具，随时保持与井口工作人员联系。

第三节　维修钳工安全技术操作规程

（1）工作前必须按有关规定穿戴好劳保用品。

（2）维修钳工进行操作时应不少于两人。工作中要注意周围人员及自身安全，注意协调配合。

（3）所用工具必须齐备、完好、可靠才能开始工作，禁止使用有裂纹、带毛刺、手柄松动等不符合安全要求的工具。使用工具时，应按钳工常用工具安全操作规程正确操作。

（4）检修机械设备及转动部分前必须找电工切断电源，并挂上警告牌，方可作业。必要时应将开关箱上锁或设专人监护。设备的动力电源未切断时，禁止工作。

（5）在拆、修、装机械设备时，应熟知设备性能、结构、原理及有关使用情况。制定相应施工方案、安全措施。按规定拆、装。

（6）检修结束应将工具、材料、换下零部件等进行清点核对。检查设备内部，不得把零件、工具等物品遗留在设备内，并认真填写设备检修记录。

（7）对检修后的设备，要有验收、试运转过程，应专人统一指挥，并在主要部位设专人进行监视，发现问题及时处理。

（8）高处作业，应遵守高处作业规定，工具必须放在工具袋里，穿戴好安全带，并固定在安全位置。采用梯子登高要有防滑措施，梯子斜度以60°为宜。上下梯子要检查是否牢固，下面要有人扶持，人字梯要有结实的牵绳拉住。

（9）用油清洗零件时，工作场所的其他易燃易爆物品要妥善保管，使用时要严禁烟火，防止火灾发生。

（10）在井筒中作业时，必须正确佩戴劳保防护用品，带好照明工具和通信工具，随时保持与井口工作人员联系。

第四节　信号工安全技术操作规程

（1）信号工上岗时，必须穿戴好劳动保护用品。

（2）信号工必须经过专业技术培训、考试，合格后，持证上岗。

（3）接班上岗后，必须与提升机司机联系，按照规定对信号系统的开关、按钮、电铃、信号灯、电话等设施进行检查，确认正常后，试打一次信号，确保信号系统运行正常。

（4）信号工在岗期间，要与拥罐工密切配合。信号工接到拥罐工发出的指令后，信号工有责任监视乘人和装罐等情况，在确认正常后，方可发送信号。

（5）信号工在发送信号时，应一听、二看、三发信号，严格按照《信号工操作手册》进行操作，发出的信号要清晰、准确、可靠。

（6）信号工发出信号后，不得离开信号工操作室，要密切监视提升容器、悬挂及信号显示系统的运行情况，如发现运行与发送信号不符等异常现象，应立即发出停车信号，待查明原因处理后，方可重新发送信号。对事故隐患，应及时通知当班维修人员进行处理。

（7）在井筒运送火工材料时，信号工必须严格按规定操作，事先通知提升机司机按相应的升降速度提升运行。严禁在交接班和人员上下井时间运送火工材料。

（8）正常情况下，只准使用主信号系统。只有当主信号系统发生故障时，才准使用备用信号系统，同时应立即通知有关人员修复，修复后，立即恢复使用主信号系统。

（9）信号工在岗期间，不得擅离工作岗位。

（10）当提升机连续停运 6 h 以上时，信号工要按规定对信号通信系统进行检查试运，确认正常后，方准发送提升信号。

（11）严禁非信号工发出信号。

第五节　拥罐工安全技术操作规程

（1）拥罐工上岗时，必须穿戴好劳动保护用品。

（2）拥罐工必须经过专业技术培训、考试，合格取证后，持证上岗。

（3）拥罐工应掌握推车机、阻车器、摇台、安全门等设施工作原理和操作方法，并应掌握罐笼的最大载重量和准乘人数。

（4）罐笼升降人员、物料时严格按照《拥罐工操作手册》进行操作。

（5）拥罐工给信号工传送指令时，必须清晰、准确。

第二章 公司级管理制度

第一节 提升容器管理制度

一、目的

为规范提升容器的安全使用，降低提升容器使用过程中的风险，最大限度地预防和减少各类事故发生，降低人员伤亡，制定本制度。

二、适用范围

本制度适用于公司范围内所有用于升降人员和物料的罐笼、箕斗的管理。

三、职责

1. 机电副总经理

负责提升容器的使用管理。

2. 机械动力科

（1）负责《提升容器管理制度》的制定、修订。

（2）定期组织提升容器的专项检查。

（3）保证提升容器在采购、安装、调试、使用和报废等环节符合 HSE 的标准和要求。

3. 运行车间

负责本单位提升容器的日常维护保养和运行过程中的 HSE 管理。

4. 安全管理科

负责监督管理提升容器的运行安全。

四、控制要求

（1）罐笼应符合《罐笼安全技术要求》的规定。

（2）提升容器使用单位应根据《金属非金属矿山安全规程》相关规定进行提升容器的日常维护保养和安全运行管理。

（3）提升容器使用遵守《乘罐管理制度》。

五、附则

（1）本制度自下发之日起执行。

（2）本制度由机械动力科负责解释。

第二节　提升系统安全管理制度

一、目的

为了加强公司提升系统的安全管理工作，规范提升系统使用管理，避免和减少安全事故的发生，制定本制度。

二、适用范围

本制度适用于公司内所有提升系统设备设施运行安全管理。

三、职责

1. 机电副总经理

负责提升系统安全运行全面工作。

2. 机械动力科

（1）负责《提升系统安全管理制度》的制定、修订。

（2）负责公司提升系统的运行监督和检查。

（3）参与提升系统的各类建设项目，主要设备更新和技术改造的方案审查、监督实施和竣工验收。

3. 安全管理科

（1）负责监督公司提升系统设备、设施的安全运行维护和更新改造。

（2）负责监督提升系统新建、改建和扩建项目的安全有效实施。

4. 运行车间

负责提升系统安全运行的日常管理及维护工作。

5. 人力资源科

负责为提升系统配备合格操作人员，并负责操作人员的培训、取证工作。

四、控制要求

（1）提升系统的设备、设施的选型、设计、安装、运行维护等必须符合《金属非金属矿山安全规程》中的相关规定和要求。

（2）提升机司机、信号工要经特种作业培训机构培训、考核，合格后领取操作证。提升机司机、信号工必须持证上岗。

（3）严格执行《提升系统点检检修管理制度》。

（4）提升系统各操作岗位的安全操作规程、岗位责任制、交接班制度应上墙悬挂。

（5）提升系统应备有《金属非金属矿山安全规程》中所要求的技术资料。

（6）每班提升人员之前，先开一次空车，检查提升机的运转情况，并把检查结果记入交接班记录中。

（7）乘罐人员应严格遵守《乘罐管理制度》。

（8）每年应安排有相应资质的单位对提升系统的主要运行性能进行一次专门检测，

并出具检测报告。对于检查出的问题，必须限期解决，确保提升机运行安全。

五、附则

（1）本制度自下发之日起执行。

（2）本制度由机械动力科负责解释。

第三节 提升系统点检检修管理制度

一、目的

为了加强全公司提升系统的安全运行管理，保证乘坐人员的安全，服务好生产，制定本制度。

二、适用范围

本制度适用于公司范围内提升系统。

三、职责

1. 机电副总经理

负责提升系统点检检修全面管理工作。

2. 机械动力科

（1）负责《提升系统点检检修管理制度》的制定、修订。

（2）监督检查提升系统使用单位对《提升系统点检检修管理制度》的执行情况。

（3）组织提升系统专项检查。

3. 运行车间

（1）负责《提升系统点检检修管理制度》的执行落实。

（2）协助机械动力科对公司《提升系统点检检修管理制度》进行充实和完善。

（3）按照公司《提升系统点检检修管理制度》制定相关管理考核办法，并认真执行。

4. 人力资源科

负责为提升系统配备合格操作人员，并负责操作人员的培训、取证工作。

四、控制要求

1. 提升系统设备检修计划管理

1）提升系统年度大修计划

机械动力科负责将提升系统使用单位上报的年度大修项目进行汇总后，经公司领导和相关部门审议，确定后按时限上报公司技术计划科，作为提升系统年度大修计划，并在大修中平衡进度，协调计划执行情况。

2）提升系统年度检修计划

根据公司全年预算的总体要求，提升系统使用单位制定下年度设备检修项目及资金安排并报机械动力科，机械动力科审查后进行汇总，并上报公司相关科室进行审议确定，作为提升系统年度检修计划。

3）月检修计划编制及实施

（1）每月20日前提升系统使用单位将下月检修项目报机械动力科，机械动力科技术人员及时到现场核实，修订后报机械动力科科长审批，并由机械动力科做出检修工作安排。

（2）提升系统使用单位组织好检修前的准备工作，机械动力科及时协调解决检修中的各种问题，确保检修项目按时完成。

（3）检修完成后由机械动力科组织对该次检修工作进行验收，验收项目包括：

①检修计划完成情况。

②检修工期完成情况或延期完成的原因等。

2. 提升系统大修工程管理

（1）外委的大修工程项目，按外委工程项目管理办法的有关规定执行。

（2）大修施工的准备工作是保证大修工程按时、按质、按量完成的关键。经批准的大修工程项目所需的备件和材料，应在大修实施前由物资供应科和机械动力科负责供应到位，满足大修工程的需要。

（3）大修工程施工中出现较大变更或增减项目，对投资额、工程进度有影响时，要报告机械动力科，经相关领导批准后方可执行。

（4）大修工程竣工后进行工程验收和总结，建立设备大修档案。

3. 提升机系统的点检

（1）机械动力科协助提升系统使用单位制定各设备点检基准。

（2）提升系统设备点检基准包括设备检查基准、润滑基准等。

①提升系统设备检查（点检）基准：根据设备各部位的结构特点，详细规定了点检部位、项目、内容、周期、点检分工、检查方法、判断基准，以及点检在什么状态下进行。

②提升系统设备润滑基准：规定设备加油部位、周期、方法、分工，以及油脂的品种、规格、数量、检验周期。

4.《提升系统点检检修管理制度》的制定规则

《提升系统点检检修管理制度》符合上级公司《设备管理规定》。

五、附则

（1）本制度自下发之日起执行。

（2）本制度由机械动力科负责解释。

第四节　乘罐管理制度

一、目的

为了规范升降人员和物料，预防和减少事故发生，降低人员伤亡，制定本制度。

二、适用范围

本制度适用于公司竖井人员和物料的提升管理。

三、职责

1. 机电设备副总经理

负责监督公司竖井提升乘罐管理。

2. 机械动力科

负责《乘罐管理制度》的制定、修订。

3. 人力资源科

（1）负责选拔和配置合格的信号工和拥罐工。

（2）负责对新入矿职工进行身体检查，严禁安排患有精神病、高血压、严重心脏病、四肢五官残废者、深度近视、孕妇、职业病的职工从事下井作业。

4. 安全管理科

（1）负责监督检查《乘罐管理制度》执行情况。

（2）负责信号工、拥罐工的岗前安全教育和培训。

5. 运行车间

（1）负责《乘罐管理制度》的执行。

（2）负责信号工、拥罐工的日常安全和技术培训。

四、控制要求

1. 罐笼

（1）罐笼使用应遵守《罐笼安全技术要求》GB 16542 的相关规定。

（2）严禁酒后或精神状态不佳者乘坐罐笼。

（3）入井人员必须穿戴好劳动防护用品和携带照明工具，劳保用品不全者，严禁下井。

（4）罐笼运行期间和罐笼未停稳时，不准打开罐帘，更不准上下。

（5）所有出入井人员必须按规定刷卡。入井未刷卡者严禁上罐，出井未刷卡者，由井口拥罐工（信号工）负责登记并报车间，车间上报安全管理科处理。

（6）乘罐时必须遵守“先下后上”的原则，待出罐人员全部离罐后，乘罐人员方可排队进入罐笼，严禁拥挤；发现严重拥挤、秩序混乱时拒发开车信号，并汇报调度室处理。

（7）人员乘罐时，不准随身携带过长、过重物品；其他不易携带的物品，必须放入矿车内运输；香烟、火机等交由井口拥罐工管理。

（8）拥罐工要严格清查乘罐人数，每层限乘 55 人，超过规定人数时拥罐工必须制止。

（9）乘罐人员应在距井筒 5 m 外候罐，必须听从信号工指挥，发出开罐信号后，不准上下人。不准在罐内吸烟、打闹，不准探头和把手脚伸出罐外。严禁身体任何部位和所携带的物品伸出罐门。

（10）在不超重的前提下，需要在提人时装货物，货物必须装在下层罐内，上层罐内乘人。信号工应发提人信号以提人的速度提升。

（11）运输炸药、雷管等特殊材料时，严格遵守《金属非金属矿山安全规程》相关规定。

（12）爆炸品、易燃品、腐蚀品要随时提升，不得在井口停留过长。

（13）提升矿车时必须将罐停稳，听从拥罐工指挥上下矿车。

（14）下放大型设备或大件物料时，严禁同时提人。下放前，必须向井口工作人员贯彻传达审批过的《大件下放安全措施及注意事项》，并严格执行。

（15）除规定的上、下井时间外，其他情况上、下井需经调度室批准。

（16）除工作人员外，其他人员严禁在井口房、井底车场内逗留。

（17）在井口及井筒内进行安装或检修等工作时，必须有审批过的安全技术措施才能进行施工。由拥罐工负责井上、下口的安全警戒。

（18）要经常打扫候罐区、井口、罐笼卫生，保持干净整洁，及时清除杂物，严防井筒坠物。

2. 箕斗

正常情况下，箕斗严禁人员上下。

特殊情况下，需要从主井上下人员，应遵守以下规定：

（1）箕斗乘坐人员必须报车间、安全管理科备案，并报公司总工批准。

（2）乘坐人员必须穿戴好劳动保护用品，绑好安全带。

（3）乘坐箕斗人员随身携带物品应绑好、系好，防止掉落。

（4）乘坐人员不得在箕斗上嬉笑打闹。

（5）箕斗运行速度不得超过0.3～0.5 m/s。

（6）箕斗运行过程中，井口应有专人监护，防止外物掉落。

五、附则

（1）本制度自下发之日起执行。

（2）本制度由机械动力科负责解释。

第五节　设备检修管理制度

一、目的

为了使设备有效地为生产服务，对于设备在运行中的正常磨损必须及时给予补偿，做到预防为主，维护和检修并重，定时维护保养，按计划组织检修，以恢复设备的技术性能和效率，制定本制度。

二、适用范围

本制度适用于公司设备设施的检修工作（包含工艺管线、车辆等）。

三、职责

1. 机电副总经理

负责公司设备检修管理全面工作。

2. 机械动力科

（1）负责《设备检修管理制度》制定、修订。

（2）负责制定公司设备年、季度大中修计划。

（3）负责审核设备使用单位的月度检修计划。

（4）负责设备检修过程的监督检查。

3. 设备使用单位

（1）负责落实公司《设备检修管理制度》。

（2）负责制定适合本车间的设备巡检及检修制度。

（3）负责设备月度检修计划的编制上报和组织检修。

（4）负责本单位季度、年度大修计划的编制。

（5）负责检修项目安全措施的编制、检修计划的实施、检修记录的填写。

4. 安全管理科

负责检修工作安全措施的审核和现场监管。

四、控制要求

1. 设备检修的分类

生产设备定期进行的计划检修，分为小修、中修和大修。

（1）小修项目：经常性的局部修理，在规定的检修时间内更换常换件、易损件，检查清理有关零件和紧固件，调整设备、换油等。

（2）中修项目：按照一定的检修周期，对设备进行系统修理，包括检修有关的附属设备及小修的全部内容，更换部分主要和关键零部件，进行局部设备改造。

（3）大修项目：设备达到大修周期，其主要部件损坏（磨损、腐蚀、疲劳、变形等）或有严重隐患而需进行彻底修理以恢复其原有性能的。

（4）对于国家规定淘汰或耗能高的设备、落后的设备，继续大修理没有价值或价值太低的，应该进行设备更新，列为更新改造项目。

2. 设备检修计划管理

1）年度大修计划

机械动力科负责将车间上报的年度大修项目进行汇总后，经公司领导和相关部门审议，确定后按时限上报公司技术计划科，作为设备年度大修计划，并在大修中平衡进度，协调计划执行情况。

2）年度检修计划

根据公司全年预算的总体要求，各车间制定下年度设备检修项目及资金安排上报机械动力科，机械动力科审查后进行汇总，并上报公司进行审议确定，作为年度检修计划。

3）月检修计划编制及实施

（1）每月底各车间将下月检修项目报机械动力科，机械动力科负责设备检修工作的专业人员及时到现场核实，修订后报机械动力科科长审批，并由机械动力科做出检修工作安排。

（2）各车间组织好检修前的准备工作，机械动力科及时协调解决检修中的各种问题，确保检修项目按时完成。

（3）检修完成后由机械动力科组织对该次检修工作进行验收，验收项目包括：

①检修计划完成情况。

②主要生产设备检修工期完成情况或延期完成的原因等。

3. 大修工程管理

（1）外委的大修工程项目，按《外委工程项目管理办法》的有关规定执行。

（2）大修施工的准备工作是保证实现大修工程按时、按质、按量完成的关键。经批准的大修工程项目所需的备件和材料，应在大修实施前由物资供应科和机械动力科负责供应到位，满足大修工程的需要。

（3）大修工程施工中出现较大变更或增减项目，对投资额、工程进度有影响时，要报告机械动力科，经相关领导批准后方可执行。

（4）大修工程竣工后进行工程验收和总结，建立设备大修档案。

4. 点检定修管理

设备定检定修管理执行上级公司《设备管理规定》相关要求。

五、附则

（1）本制度自下发之日起执行。

（2）本制度由机械动力科负责解释。

第六节 设备使用维护管理制度

一、目的

为充分发挥设备效能、减少设备故障、延长设备寿命、降低设备消耗、提高企业经济效益，制定本制度。

二、适用范围

本制度适用于全公司所有涉及设备使用、维护、维修和管理工作的单位，并确保所管理设备设施安全运行。

三、职责

1. 机电副总经理

负责设备使用维护管理的全面工作。

2. 机械动力科

（1）负责《设备使用维护管理制度》的制定、修订。

（2）负责设备使用、维护及维修的监督管理和技术指导。

（3）负责安排设备使用、维护的相关课程培训。

3. 设备使用单位

（1）根据公司下发的《设备使用维护管理制度》，编制适合各单位设备使用维护的管理办法。

（2）负责本单位范围内设备的使用、维护和修理，并进行相关记录。

四、控制要求

1. 设备使用维护的一般要求

（1）设备的操作使用必须严格执行经公司机械动力科认可并下发的设备操作规程（机械动力科授权自行编制的除外）。

（2）新投入运行的新机种、新机型的设备操作规程，由上级公司相关部门或公司机械动力科负责组织编制，正式颁发为有效。

（3）除单班作业外，各设备操作岗位都要建立交接班制度，并严格执行，认真做好记录。

（4）交接班必须坚持现场当面交接。接班人员未到岗交班人员不得离开岗位。有关问题未交接清楚或交接班记录未填写清楚，接班人员不得上岗，交班人员不得离岗。

（5）各设备操作岗位都要建立明确的岗位责任制，并严格执行。固定岗位的责任制要“上墙”并悬挂于醒目的地方。移动岗位的责任制要印发到操作工手中。操作工应按要求认真做好岗位记录。

（6）各设备维护岗位按设备实际需要配备维护人员，加强维护人员技术培训，满足设备维修工作要求。

（7）设备的维护保养由操作工和维修工共同负责，并在责任制中划清各自范围和职责。

（8）设备维护实行包机制和区域分工负责制。移动式设备宜实行包机制，固定式设备宜实行区域分工负责制。两种维护制度都必须制定严格的岗位责任制，并认真执行。

（9）设备维护实行点检制，各单位要认真执行并积极推广点检制，并不断总结提高。维修工要认真完成点检制中规定由其负责的点检内容，并做好记录。

2. 设备台数与级别的划分

1）设备台数划分原则

为了方便设备管理，便于统计，对设备按台数进行划分，并以台（套）作为管理单位。设备台数划分的一般原则：

（1）一般设备有动力、传动和工作机构三部分（简称“三要素”），并能独立完成既定的生产工作任务，即可划为一台（套）设备。

（2）由一台或几台设备及其足够的附件，组成系统才能完成既定任务的，如液压站、小型除尘机等装置，按系列单独划为一台设备。

（3）对于大型设备，由主机与辅机联合工作，才能同时完成既定的任务，如锅炉由锅炉本体与风机、水泵等组合在一起才能完成工作，可划为一台（套）设备。

2）设备级别划分标准及管理分工

（1）设备划分级别的标准。

在设备划清台数的基础上，按照设备本身的精度及其在生产中的地位，维护与修理的难度，划分为重要设备、主要设备、一般设备三个级别。

①重要设备：

a）形成公司主要产品生产能力和动力供应的主体设备。

b）属于公司内精、大、稀的关键设备。

②主要设备：

a）形成公司生产能力的主要设备及连续生产线上的辅助设备。

b）担负公司主要生产任务的独立设备。

c）设备停机能造成主生产线设备停机或造成严重后果的辅助设备。

③一般设备：未列入重要、主要设备的其他生产设备。

（2）管理责任及分工。

①主要（重要）设备是公司重点管理对象，机械动力科要建立和完善设备档案。

②车间应建立主要（重要）设备台账，便于设备管理。

3. 设备使用规程和维护规程的制定要求

1）设备使用规程的内容

（1）设备技术性能和允许的极限参数。

（2）设备交接使用的规定。

（3）操作设备的步骤。

（4）设备使用过程中的安全注意事项。

（5）设备运行中故障的排除。

（6）关键危险岗位要实行两人或多人互保、联保制。

2）设备维护规程的内容

（1）设备传动示意图。

（2）设备润滑“五定”图表。

（3）定时清扫设备的规定。

（4）设备使用过程中的检查。

（5）运行中出现故障的排除方法。

（6）重要易损件的报废标准。

（7）安全注意事项。

设备操作人员应根据设备维护规程的要求，按一定频率完成设备的检查、润滑、清扫等维护内容，并填写设备运行记录和设备润滑记录。

3）设备使用维护规程的制定要求

（1）凡在用设备，必须做到每一型号设备都有设备使用、维护规程。

（2）新设备投用前，由机械动力科组织制定设备使用规程和维护规程，打印成册下发至使用部门。

4）设备使用维护规程的修订

（1）准备采取新工艺、新技术时，要在改变工艺前二十天，通知机械动力科根据设备使用、维护要求，对原有规程进行修订。

（2）在执行规程中，岗位人员发现规程内容不完善时要及时反映；机械动力科应对现场情况核实无误后对规程内容进行修改。

4. 设备使用规程和维护规程的贯彻执行与检查

（1）机械动力科将新制定或修订的设备使用、维护规程及时下发到车间；车间应保证设备操作人员人手一册；操作人员应认真学习并妥善保管。

（2）车间要组织对新岗位人员的设备使用、维护规程的学习和考试。设备操作人员必须经过规定理论考试和实际操作考试，均合格后方能上岗。

（3）各级设备管理人员和有关领导都要重视设备使用、维护规程的执行、检查、落实，积极开展设备使用、维护规程的检查工作，并做好检查记录。

（4）各单位（车间）每月组织设备使用、维护规程执行情况检查，对岗位人员熟知规程情况进行抽考，发现问题采取措施解决，并做好检查或抽考的相关记录。

5. 设备维护管理

设备的维护状况，是指设备的使用、维修、保养水平，设备优化维护率等。应针对设备的状况做出维护维修计划及时修理，以保证设备的完好状况。

公司各相关单位要结合实际做出设备设施的维护计划，并做好设备设施维护管理工作。主要设备设施包括：建（构）筑物、采掘设备、运输设备、提升设备、通风设备、电气设备、排水设备、供气设备、仪器仪表、照明设施、备用设备等。

1）设备维护标准要求通则

（1）各种标识牌做到经常清洗，达到字迹清晰、醒目，如因腐蚀等原因造成的标志牌损坏、字迹模糊等要及时通知安全部门定做新牌。

（2）设备操作人员应根据设备维护规程的要求按一定频率完成设备的检查、润滑、清扫等维护内容，并填写设备运行记录和设备润滑记录。

（3）设备安全部件做到经常维护，达到安全可靠的目的。

（4）保持设备零部件及装置（如安全防护装置）齐全、连接件牢靠（做到及时紧固）、调整良好（做到及时调整）。

（5）设备本体及周围保持清洁、整齐。

（6）设备润滑装置保持齐全完好，油具、油料保持清洁，做到按点、按质、按时、按量加油，并有完整记录。

（7）各种设备的易损件要有充足的备件，以满足维修需要，保证设备正常运转。

（8）设备都必须进行接地和接零，并定期进行检验和维护，保证设备保护接地与接零的有效性。

（9）操作者熟知设备使用、维护规程，并能认真贯彻执行。按时填写设备各项记录，做到齐全、准确、清洁。

（10）交接班清楚，有完整的、准确的交接班记录。

2）维护合格的标准要求

（1）设备基础稳固，无裂痕、塌陷、倾斜、变形；无腐蚀或者浸油粉化；连接牢固，无松动、断裂、脱落现象。

结构完整，零部件及附件齐全，外表清洁、整齐；腐蚀、磨损和变形程度在技术允许范围内，经小修可以处理。

（2）设备性能良好，能满足工艺要求，可随时开动；能达到安全运转，无振动、无异音，并能达到能力要求（设计能力、铭牌规定能力）。

(3) 设备润滑良好，无漏油现象，其他水、风、汽（气）等无跑冒滴漏现象。

(4) 各种仪器仪表、控制装置、安全保护装置齐全、灵敏可靠。

(5) 设备运行参数（温度、压力、速度、电流、电压等）符合技术要求。

(6) 备用设备可以随时正常启动、投入使用。

3) 维护不合格的情况

(1) 长时间未清扫，设备及周围大量积尘、积垢或积料，设备见不到本色。

(2) 润滑部位明显缺油，甚至造成有关部件发生不应有的磨损。

(3) 设备丢件，连接件不齐全或有松动，未及时紧固或更换以致引起设备振动或有关部位损坏（未形成事故）。

(4) 油、水、风、汽（气）等有较严重的跑冒滴漏现象。

(5) 岗位责任制没有认真贯彻执行。设备交接不认真，记录不齐全，保管不善，有乱写乱画、丢页、损坏现象。

6. 设备润滑管理

润滑是通过加入某种介质材料，使物体相互运动的摩擦面之间，产生一层隔离膜而避免直接接触，降低摩擦系数，减少磨损的技术措施。搞好设备润滑，是防止设备事故，提高设备作业率，降低备件消耗的关键。

(1) 凡开式齿轮传动、闭式齿轮传动，蜗轮、凸轮传动，各摩擦件，滚动轴承、滑动轴承均需添加润滑剂。其技术要求符合设备使用说明中的有关规定。

(2) 润滑工作，要认真执行"五定"，即定人，明确实施设备润滑的人员；定点，全部润滑点清楚准确；定时，各润滑点按时加油；定质，按润滑点所需油质分别注不同润滑剂；定量，按消耗定额及润滑点状况按量加油。任何设备操作人员在使用维修设备时均须严格执行"五定"要求。

(3) 设备润滑实行三级管理，即机械动力科、车间和设备操作者三级。

机械动力科设备管理人员，负责管理和指导设备润滑，解决设备润滑中的技术问题。各车间设备技术人员，负责执行设备润滑措施，检查设备润滑状况，确保设备具有良好的润滑条件。设备操作者负责按"五定"要求润滑设备，保证设备正常运行。

三级管理中的失职者，按情节给予经济处罚和行政处分。

(4) 设备润滑分级标准。

甲级标准：①严格按照设备润滑"五定"内容润滑设备。本季度内无润滑不良造成设备事故的现象。②设备润滑系统包括油泵、冷却器、过滤器、加热器、各种阀等完善，工作良好。油压、油量正常，管网无渗漏现象。③设备周围无油污油垢。各润滑点，油质清洁，无矿石，矿浆及硬介质。

乙级标准：①设备润滑系统基本完善，能完成润滑工作，但某些部件不能正常工作，管网有渗漏现象。②能按照设备润滑"五定"内容对设备进行润滑，但不够严格。③本季度内曾发生因润滑不良造成的设备故障。④设备及周围，有少量油污、油垢，但不能影响正常润滑。

丙级标准：①设备润滑系统不完善，大部分零件不能正常工作，泄漏严重。②不能按"五定"要求润滑设备，造成设备非正常磨损严重。③本季内发生过因润滑不当造成的事故，损失严重。④设备及其周围油污严重，润滑点严重不洁。

（5）矿物润滑油、合成润滑油、润滑脂、固体润滑剂及润滑添加剂，可作为润滑介质使用。润滑剂的代用，必须经机械动力科正式批准，并记录归档。

（6）设备大、中修时，必须对润滑系统进行相应级别的修理。

（7）各级润滑管理人员，应积极进行新润滑材料、新工具、新润滑装置的实验推广工作。

（8）对不按规程润滑引起的设备事故（或故障），按《设备事故管理制度》对操作者进行处理。

（9）设备操作人员，应熟练地操作设备，掌握维护保养方法。凡润滑不合格设备，操作人员有权拒绝操作。如发现违章指挥，强行开车，操作人员有权越级上告，造成设备事故者按《设备事故管理制度》从重处理。对违章作业者，要进行分析处理，视情节给予经济处罚或行政处分。

7. 设备检验、测试和试验

1）特种设备的检验、测试和试验规定

特种设备的检验、测试和试验由国家规定的有资质单位或机构进行测试，测试合格后发检验合格证书和合格证。机械动力科设专业人员负责联系技术监督局对公司特种设备进行检验，并保存检验合格证书和合格证。

（1）起重设备的检验、测试和试验规定：

①机械动力科负责人：机械专业人员。

②检验周期：一般为两年。

③测试标准：参见《特种设备管理制度》。

（2）锅炉的检验、测试和试验规定：

①机械动力科负责人：机械专业人员。

②检验周期：详见《特种设备管理制度》。

③测试标准：参见《特种设备管理制度》。

2）一般设备的检验、测试和试验规定

（1）新安装的设备在安装、调试、试车阶段都应以设计图纸为依据进行检验、测试和试验，符合设计要求时才可交付使用。

（2）设备在使用中，如出现运转不稳定、运转异常等情况，应依据设计和安装调试结果为参考进行检验和测试，为修理提供依据。

（3）在更换一些需测量、测试的设备部件时，必须按技术规程进行相应的检测，直到符合设计要求时，才可交付使用，并把更换、检验的记录入档。

（4）矿用安全标志设备的定期检查由相关单位的专业人员负责，对检查结果记录入档，确保有效性。

8. 设备异常情况报告制度

1）点巡检检查及内容

设备异常情况的发现主要来自设备日常点巡检，各相关人员在点检中发现设备出现异常情况时，要及时处理并汇报，确保管辖设备安全运行。

（1）点巡检检查包括：①机械动力科专业人员和各车间技术人员的专业检查；②专

职点巡检工的日常检查；③维修班组在所管辖范围内进行的设备检查；④设备操作人员在日常操作、维护保养中的检查。

（2）点巡检的内容包括：①设备运行情况；②设备润滑情况；③设备异常变化情况；④设备隐患缺陷的发展情况。

2）常见的设备异常情况

（1）设备本体的各种异常现象。如运转不平稳，出现（或加剧）设备振动及噪声，检测显示不正常数据，设备本体局部温升超过规定的数值，零部件不正常磨损变形、位移，产生异常气味、火花等异常情况。

（2）附属设备的异常情况，附属设备或关联设备出现异常对设备本体产生影响的情况。

（3）设备控制系统的异常情况，如继电保护器的频繁动作等。

（4）电气、电磁系统参数及数据的变化，如整流、变频等参数的变化以及电压、电流、电容等数值的变化。

（5）动力系统的参数异常。

（6）设备润滑系统的突然变化及异常情况，包括集中润滑油脂的压力、流量、温度等变化。

3）设备异常情况的处理

（1）分析设备发生异常情况的原因：发现设备异常情况后，要及时通知设备操作人员和相关领导，并检查设备运行情况的相关记录，掌握第一手资料，通知专业人员召开设备分析会，分析发生异常情况的原因，制定处理方案及预防措施。

（2）设备异常情况的处理：

①对容易处理的设备异常情况，设备操作人员向车间调度（主管领导）汇报情况，车间调度整理后通知专业人员和维修人员，对设备进行维修，确保设备安全正常运行。

②对不易处理的设备异常情况，各相关车间要通知机械动力科，机械动力科的专业人员到现场进行调查，落实情况后，根据具体情况召开分析会，制定设备维修方案，及时组织检修，尽快恢复设备安全运行。

五、附则

（1）本制度自下发之日起执行。

（2）本制度由机械动力科负责解释。

第七节　设备事故与故障管理制度

一、目的

为加强设备管理，做到防患于未然，最大限度地杜绝事故和减少损失，提高经济效益，制定本制度。

二、适用范围

本制度适用于公司所有设备事故与故障管理。

三、职责

1. 总经理

负责设备事故与故障方面工作的全面管理。

2. 机电副总经理

负责设备事故与故障方面工作的过程监督管理。

3. 机械动力科

（1）负责《设备事故与故障管理制度》的制定、修订。

（2）负责重大设备事故与故障的组织分析、技术指导及相关处理。

（3）参与设备使用单位一般事故分析会的讨论和指导。

（4）负责设备日常运行、使用和维修的技术监督检查。

（5）做好事故的记录统计工作，定期进行综合分析，总结经验教训，研究拟定预防措施，并将设备事故情况报告设备、生产副总经理及总经理。

4. 安全管理科

（1）负责监督、检查设备使用单位的各项安全操作规程、管理制度等是否健全。

（2）负责规范各岗位操作工的安全操作，严禁违反操作规程。

（3）负责特殊岗位人员操作证的检查和办理。

（4）负责设备、设施安全运行的监护管理。

（5）参与设备事故与故障分析会。

5. 人力资源科

（1）负责配备合格设备管理人员。

（2）负责相关人员的培训以及证件办理工作。

6. 设备使用单位

（1）负责落实设备管理各项制度，规范各岗位工按安全操作规程进行设备操作。

（2）负责研究预防设备事故与故障发生的措施制定、实施。

（3）负责设备安全使用档案的记录。

（4）负责设备一般事故与故障的分析讨论，并书面上报机械动力科。

（5）设备事故与故障发生后，应积极组织相关人员分析原因，确定修复方案，迅速组织抢修，同时向公司汇报。如本车间无力修复应立即上报，由公司机械动力科会同设备所在车间的设备主任，组织分析和修复。如属重大设备事故，由车间负责保护现场，机械动力科以及相关部门共同检查现场后方可进行抢修，并及时召开事故分析会。对于恶性设备事故，必须由公司设备副总经理或生产副总经理主持会议，进行分析处理。

四、控制要求

1. 设备事故、故障的预防和管理

（1）落实设备点巡检制度，防范设备事故于未然。公司下属各单位要认真组织落实设备点巡检制度。

①建立健全设备的点巡检记录、运行记录、维修记录，保证每台设备配齐一套。

②设备操作人员和维修人员交接班时要认真点检设备，认真记录，并与实际情况相符。

③点检发现问题要及时处理或交维修工修理。

④结合设备点巡检制度，做好设备的定期维护保养、预知维修和计划检修。

（2）对设备事故实行全面管理，公司下属各单位和职能管理部门必须认真贯彻“预防为主”的方针，正确处理生产与设备的关系，教育操作工人和维修工人，认真执行设备的操作使用、维护和检修规程，努力提高操作和维修水平；开展设备安全无事故运行的竞赛活动，参与设备的综合治理，并防止设备事故的发生。

2. 设备事故分析

设备事故发生后，必须对设备事故的原因、性质和责任，进行分析，做到“四不放过”。事故分析会必须在事故发生后48 h内召开，要有分析讨论记录。机械动力科应派专业人员参加事故分析会。

3.《设备事故与故障管理制度》的制定规则

《设备事故与故障管理制度》符合上级公司《设备管理规定》。

五、附则

（1）本制度自下发之日起执行。

（2）本制度由机械动力科负责解释。

第三章 运行车间提升管理制度

一、总则

副井提升安全可靠运行是公司正常生产的前提。为达到标准化管理的目的，编制运行车间提升管理制度。

副井提升的设计、安装、验收、运行、维护等，应遵守《金属非金属矿山安全规程》GB 16423 的规定。

二、适用范围

本制度适用于车间对副井提升的管理。

三、运行车间副井提升管理职责

负责提升机运行日常管理及维护工作。

四、副井提升标准化管理

（1）安全管理：各岗位的岗位责任制、安全操作规程及相关制度应上墙悬挂。

（2）技术管理：必须把图纸、台账、记录、图表等资料归档保存。

（3）运行管理：交接班、点巡检等记录本管理。

（4）标准化工作流程：制动器闸间隙检测调整工作流程、提升电控设备除尘工作流程、钢丝绳首绳验绳工作流程、天轮轴套加油工作流程、提升机主电机除尘工作流程、调绳工作流程、首绳张力检测工作流程、安全门油缸更换工作流程、盘形制动器更换工作流程、罐笼侧调绳油缸更换工作流程、提升机制动液压站液压油更换工作流程等。

五、副井提升检修管理

（1）每年底制定下年度大修计划和检修计划，每月底制定下月检修计划。

（2）按照检修计划结合实际情况适时进行检修。

六、副井提升安全管理

（1）提升装置应备有《金属非金属矿山安全规程》中所要求的技术资料。提升机说明书、提升机总装配图和备件图、制动装置的结构图和制动系统图、电气控制原理系统图、提升系统图分别在运行车间、机械动力科、公司档案室存放，相关记录在运行车间存放。

（2）车间安全检查实行三级检查：车间安全文明生产检查、技术员安全检查、班组安全检查。

(3) 车间每月组织两次全车间范围内的安全大检查，对副井提升现场安全设施、文明生产、岗位操作进行安全检查，并做好检查记录；技术员每周进行1次本车间的全面安全检查，并做好检查记录；车间各班组要按班进行安全检查，由班组长对所有作业地点及设备进行全面检查，按现场安全确认制的有关规定，逐一进行安全检查，并做好检查记录。

七、副井提升维护管理

1) 提升管理

(1) 各岗位所辖设备的操作使用必须严格执行各岗位操作规程。

(2) 除单班作业外，各操作岗位应严格执行交接班制度，并认真做好记录。

(3) 加强维护人员技术培训，满足设备维修工作要求。

(4) 各岗位要认真执行点检制，并不断总结提高。维修工认真完成点检制中规定由其负责的点检内容，并做好记录。

(5) 副井提升应知应会和手指口述的贯彻执行与检查：

①车间要组织对新岗位人员的应知应会和手指口述的学习和考试。设备操作人员必须经过规定理论考试和实际操作考试，均合格后方能上岗。

②车间每月组织应知应会和手指口述情况检查，对岗位人员熟知应知应会和手指口述情况进行抽查，发现问题采取措施解决，并做好检查或抽查的相关记录。

(6) 运行车间要结合实际做出副井提升的维护计划，并做好设备维护管理工作。

2) 提升系统维护标准

(1) 各种标识牌做到经常清扫，达到字迹清晰、醒目，如因腐蚀等原因造成的标志牌损坏、字迹模糊等要及时更换。

(2) 设备维护人员应根据设备维护规程的要求按一定频率来完成设备的检查、润滑、清扫等维护内容，并填写设备运行记录和设备润滑记录。

(3) 经常维护设备安全部件，保证其安全可靠。

(4) 保持设备零部件及装置（如安全防护装置）齐全、连接件牢靠（做到及时紧固)、调整良好（做到及时调整)。

(5) 设备本体及周围保持清洁、整齐。

(6) 设备润滑装置保持齐全完好，油具、油料保持清洁，做到按点、按质、按时、按量加油，并有完整记录。

(7) 各种设备的易损件有充足的备件，能满足维修的需要，保证设备正常运转。

(8) 设备都必须按要求进行接地和接零，并定期进行检验和维护，保证设备保护接地与接零的有效性。

(9) 各岗位人员熟知设备使用、维护规程，并能认真贯彻执行；按时填写设备各项记录，做到齐全、准确、清洁。

(10) 交接班清楚，有完整的、准确的交接班记录。

3) 维护合格的标准要求

(1) 设备基础稳固，无裂痕、塌陷、倾斜、变形；无腐蚀或者浸油粉化；连接牢固，无松动、断裂、脱落现象。

结构完整，零部件及附件齐全，外表清洁，整齐；腐蚀、磨损和变形程度在技术允许范围内，经小修可以处理。

（2）设备性能良好，满足工艺要求，可随时开动；设备运转安全，无振动、无异音，并能达到能力要求（设计能力、铭牌规定能力）。

（3）设备润滑良好，无漏油现象。

（4）各种仪器仪表、控制装置、安全保护装置齐全、灵敏可靠。

（5）设备运行参数（温度、压力、速度、电流、电压等）符合技术要求。

（6）备用设备可以随时正常启动、投入使用。

4）维护不合格的情况

（1）长时间未清扫，设备及周围大量积尘、积垢或积料，设备见不到本色。

（2）润滑部位明显缺油，甚至造成有关部件发生不应有的磨损。

（3）设备丢件，连接件不齐全或有松动，未及时紧固或更换以致引起设备振动或有关部位造成损坏（未形成事故）。

（4）油、风等有较严重的跑冒滴漏现象。

（5）不认真贯彻执行岗位责任制，设备交接不认真，记录不齐全，保管不好，有乱写乱画、丢页、损坏现象。

八、副井提升润滑管理

（1）凡需要润滑的副井提升部位均应按要求添加相应润滑剂。其技术要求，应符合设备使用说明中的有关规定。

（2）润滑工作，要认真执行“五定”，即定人，明确实施设备润滑的人员；定点，全部润滑点清楚准确；定时，各润滑点按时加油；定质，按润滑点所需油质分别注不同润滑剂；定量，按消耗定额及润滑点状况按量加油。任何设备维护人员，在使用维修设备时均须严格执行“五定”要求。

（3）副井提升润滑管理。运行车间设备技术人员，负责执行设备润滑措施，检查设备润滑状况，确保设备具有良好的润滑条件。维修班组负责按“五定”要求润滑设备，保证设备正常运行。

对管理的失职者，按情节给予经济处罚和行政处分。

（4）设备操作人员，应能熟练地操作设备，掌握维护保养方法。凡润滑不合格的设备，操作人员有权拒绝操作。如发现违章指挥，强行开车，操作人员有权越级上告，造成设备事故者应从重处理。对违章作业者，要进行分析处理，视情节给予经济处罚或行政处分。

九、副井提升检验、测试和试验

副井提升的检验、测试和试验应由国家规定的有资质单位或机构进行测试，测试合格后发检验合格证书和合格证。运行车间负责督促副井提升检验、测试和试验的落实。

十、副井提升异常情况报告

1. 点巡检检查及内容

（1）设备异常情况的发现主要来自设备日常点巡检，各相关人员在点检中发现设备出现异常情况时，要及时处理或汇报，确保管辖设备安全运行。

（2）点巡检检查包括：①车间技术人员的专业检查；②维修班点巡检工的日常检查；③设备操作人员在日常操作、维护保养中的检查。

（3）点巡检的内容包括：①设备运行情况；②设备润滑情况；③设备异常变化情况；④设备隐患缺陷的发展情况。

2. 常见的副井提升异常情况

（1）设备本体的各种异常现象。如运转不平稳，出现（或加剧）设备振动及噪声，检测显示不正常数据，设备本体局部温升超过规定的数值，零部件不正常磨损变形、位移，产生异常气味、火花等异常情况。

（2）附属设备的异常情况，附属设备或关联设备出现异常对设备本体产生影响的情况。

（3）设备控制系统的异常情况，如继电保护器的频繁动作等。

（4）电气、电磁系统参数的变化、数据的变化，如整流、变频等参数的变化，电压、电流、电容等数值的变化。

（5）设备润滑系统的突然变化及异常情况，包括集中润滑油脂的压力、流量、温度等变化。

3. 副井提升系统异常情况的处理

（1）分析发生异常情况的原因。发现异常情况后，要及时通知维护人员和相关领导，并检查设备运行情况的相关记录，掌握第一手资料，通知专业人员召开分析会，分析发生异常情况的原因，制定处理方案及预防措施。

（2）异常情况的处理：

①对容易处理的异常情况，操作人员向主管领导汇报情况，车间安排专业人员和维修人员，对设备进行维修，确保设备安全正常运行。

②对不易处理的设备异常情况，运行车间要及时向机械动力科汇报。

十一、出入井管理

（1）所有入井人员应佩戴合格的劳保用品，无登记、超员、酒后、劳保穿戴不齐者严禁入井。

（2）井口信号工要认真负责，坚守岗位，严格执行出入井管理。

（3）凡入井人员，必须听从井口信号工指挥，一律按规定在距井筒 5 m 之外候罐。如有违反者，井口信号工有权拒绝其下井；对无理取闹者，报公司安全科进行处理。

（4）下井前严禁饮酒。下井时，必须携带照明灯具和佩带齐全安全防护用品。

第四章 班组级管理制度

第一节 岗位责任制

一、提升机司机岗位责任制

（1）坚持安全第一的生产方针，树立热爱本职工作的思想，遵守劳动纪律，坚守工作岗位，爱护设备，保持设备和工作地点的清洁、整齐，做好文明生产工作。

（2）认真学习矿山生产安全法律法规，努力学习业务技术，熟悉提升设备技术性能，掌握正确的操作方法。严格执行操作规程、维护规程及有关规章制度。

（3）不违章操作，拒绝违章指挥。紧急情况时，有责任采取有效措施，避免事故发生并上报车间处理。

（4）按时上班，坚守岗位，思想集中，谨慎操作，不做与本职工作无关的事。

（5）认真、详细、真实地填写交接班记录、提升机司机日常点检表、运行记录表、设备故障记录表。

（6）运行中要注意设备运转情况，发现温度、声音、仪表指示等异常应先停车，立即通知维修工处理，并做好记录。

（7）运行中发生设备事故应立即停车，并立即向车间领导汇报，事故排除后，经检查确认方可开车。

（8）加强设备维护，有责任协助维修工排除故障和维修设备。

（9）对违反操作规程造成的事故应负主要责任；对本工种点检内容不认真检查，对设备故障不汇报、不处理，带病运行而发生的事故负主要责任。

二、维修电工岗位责任制

（1）热爱本职工作，认真学习科学技术，不断提高本人维修技术水平，熟练掌握各种电气设备、机械设备的性能及原理。

（2）严格执行本工种各项规程制度和国家有关电气设备的运行、检修、试验等各项规程与规范，确保设备完好率达到规定标准。

（3）负责所辖电气设备，以及动力、照明系统等的日常维护、保养。

（4）负责所辖电气设备，以及动力、照明系统等的定期检查和故障排除。

（5）遵守劳动纪律，坚守工作岗位，上班时间不做与工作无关的事情。

（6）认真执行点检制规定中由维修电工负责的点检内容，在点检中发现的设备缺陷要及时检修，较大缺陷本班人员无力处理时，应及时向车间主任汇报，做好点检记录。

（7）在点巡检中设备发生紧急情况时，必须采取果断措施。先停车，然后再及时处理，并作好设备故障记录。

（8）对由于检查不认真，未能及时发现设备缺陷而造成的设备事故负主要责任；对检修不当造成的设备事故负主要责任。

（9）及时完成领导交办的其他工作任务。

三、维修钳工岗位责任制

（1）热爱本职工作，认真学习技术，不断提高本人维修技术水平，熟练掌握管辖范围内机械设备的性能及原理。

（2）严格执行本工种各项规章制度和国家有关机械设备的运行、检修规程与规范，确保设备完好率达到规定标准。

（3）负责所辖机械设备的日常维护、保养。

（4）负责所辖机械设备的定期检查和故障排除。

（5）遵守劳动纪律，坚守工作岗位，上班时间不干与工作无关的事。

（6）认真执行点检制规定中由维修钳工负责的点检内容，在点检中发现的设备缺陷要及时检修，较大缺陷本班人员无力处理时，应及时向车间主任汇报，做好点检记录。

（7）在点巡检中设备发生紧急情况时，必须采取果断措施。先停车，然后再及时处理，并作好设备故障记录。

（8）对检查不认真，未能及时发现设备缺陷造成的设备事故负主要责任；对检修、调试不当导致的设备事故负主要责任。

（9）认真做好设备润滑，填好设备润滑记录。对不按期、不认真检查，缺陷未发现而发生的设备事故负主要责任。

（10）及时完成领导交办的其他工作任务。

四、信号工岗位责任制

（1）坚持安全第一的生产方针，树立热爱本职工作的思想，遵守劳动纪律，坚守工作岗位，爱护设备，保持设备和工作地点的清洁、整齐，做好文明生产工作。

（2）认真学习矿山生产安全法律法规，努力学习业务技术，熟悉提升设备技术性能，掌握正确的操作方法。严格执行操作规程、维护规程及有关规章制度。

（3）不违章操作，拒绝违章指挥。紧急情况时，有责任采取有效措施，避免事故发生并上报车间处理。

（4）按时上班，坚守岗位，思想集中，谨慎操作，不做与本职工作无关的事。

（5）认真、详细、真实地填写交接班记录、信号工日常点检表、运转记录表。

（6）严禁无关人员进入信号室，严禁非信号工替岗操作，严禁自行停电或擅自拆修信号装置和其他电气装置。

（7）信号工负责信号操作台上所有按钮的操作。

（8）信号工要与拥罐工密切配合，团结协作。

（9）必须及时、准确地发送信号。必要时，先经过联系确认，才允许改发信号。

（10）井口信号工是井口安全工作的主要责任者和指挥者，当工作中出现异常情况或不同意见时，应根据实际情况做出决定，形成井口的统一意见。

(11) 运行中发现设备故障应立即通知维修工处理，并做好记录。

(12) 认真记录信号系统出现的异常现象或故障，以备检查、维修或事故分析处理。

五、拥罐工岗位责任制

(1) 坚持安全第一的生产方针，树立热爱本职工作的思想，遵守劳动纪律，坚守工作岗位，爱护设备，保持设备和工作地点的清洁、整齐，做好文明生产工作。

(2) 认真学习矿山生产安全法律法规，努力学习业务技术，熟悉提升设备技术性能，掌握正确的操作方法。严格执行操作规程、维护规程及有关规章制度。

(3) 不违章操作，拒绝违章指挥。紧急情况时，有责任采取有效措施，避免事故发生并上报车间处理。

(4) 按时上班，坚守岗位，思想集中，谨慎操作，不做与本职工作无关的事。

(5) 认真、详细、真实地填写运转记录、交接班记录。

(6) 运行中发现设备故障应立即通知维修工处理，并做好记录。

(7) 工作中要与信号工加强联系，密切配合，团结协作。

第二节 提升机点检制

(1) 为了充分贯彻公司的设备管理制度，确保设备的可开动率，减少事故的发生，做到设备管理“三分维修，七分保养”，制定本制度。

(2) 提升机点检按点检周期不同分为日检、周检、月检、季检。

(3) 提升机司机点检按照《提升机司机日常点检表》进行；信号（拥罐）工点检按照《信号（拥罐）工日常点检表》进行。发现问题及时通知维修人员解决，提升机司机、信号工、拥罐工对漏检、误检造成的损失负责。

(4) 电钳工日检、周检分别按照《提升机电工日常点检表》《提升机钳工日常点检表》进行，维修电钳工必须按点检表规定的部位和内容进行认真检查。发现隐患时要及时处理；较大隐患应及时通知车间组织处理。对漏检、误检造成的损失负责。

(5) 提升机周检由车间机电技术人员负责组织，维修钳工和电工参加，对提升机司机、信号工、拥罐工及电钳工所点检的部位和内容进行综合检查，同时检查各岗位的点检记录、故障维修记录填写情况。

(6) 提升机月检由车间主任负责组织，机电技术人员、维修钳工和电工参加，对提升机电控、闸控、井筒设施、钢丝绳及悬挂装置、操车系统等做一次整体性综合检查。

(7) 检修人员在点检的基础上，还必须定时对设备进行巡回检查，检查操作工是否按规程操作设备。

(8) 点检要按规范填写点检表，填写要认真、准确、工整、清洁。

第三节 交接班制

一、提升机司机交接班制度

(1) 提升机司机上班前应穿戴好劳动保护用品，提前 15 min 到达工作岗位。按照点检制度规定的内容先行检查，查阅有关记录本的记录事项，观察当班提升机运行情况是否正常。

（2）交接班时，接班司机未到，交班司机不得脱岗。

（3）交接班工作必须由交班司机和接班司机共同进行，在现场交清。交接班时，双方按规定共同填写交接班记录，并签名。一方未签名，不得交接班。

（4）存在未按规定点检、记录本填写不规范、接班司机精神状态不佳或酒后上岗时，不得交接班。

（5）本班发生的故障未弄清、未处理、未得到负责人允许，不得交接班。

（6）不是接班司机，未得到负责人允许不得交接班。

（7）存在安全保护及闭锁装置失灵或损坏，各种记录和技术资料不全或有丢失现象时不得交接班。

（8）存在工具、材料、配件无故丢失或损坏，工作场所及设备卫生不整洁时，不得交接班。

二、维修电钳工交接班制度

（1）维修电钳工上班前应穿戴好劳动保护用品，提前 15 min 到岗，办理交接班手续。

（2）交接班时，接班人员未到，交班人员不得脱岗。

（3）交接班工作必须由交班人员和接班人员共同进行，在现场交清。交接班时，双方按规定共同填写交接班记录，并签名。一方未签名，不得交接班。

（4）存在未按规定点检、记录本填写不规范、接班电钳工酒后上岗时，不得交接班。

（5）本班发生的故障未弄清、未处理、未得到负责人允许，不得交接班。

（6）存在设备状态及运行情况不明、安全保护及闭锁装置失灵或损坏、各种记录和技术资料不全或有丢失现象时，不得交接班。

（7）工具、材料、配件无故丢失或损坏不得交接班。

（8）接班后，应对所维护设备的电气和机械部分进行一次全面的检查，发现问题及时处理，严禁设备带病作业。

三、信号（拥罐）工交接班制度

（1）信号（拥罐）工上班前应穿戴好劳动保护用品，提前 15 min 到岗，办理交接班手续。

（2）交接班时，接班人员未到，交班人员不得脱岗。

（3）罐笼在运行中，不准进行交接班，必须在罐笼到位停稳，并打停车信号后才准交接。

（4）交接班工作必须由交班信号（拥罐）工和接班信号（拥罐）工共同进行，在现场交清。交接班时，双方按规定填写交接班记录，并签名。一方未签名，不得交接班。

（5）存在未按规定点检、记录本填写不规范、接班人有不正常精神状态或酒后上岗、交班人交代不清当班情况时不得进行交接班。

（6）交接时，专用联络电话等通信信号不畅通、工具、材料、配件无故丢失或损坏，工作场所及设备卫生不整洁时，不得交接班。

（7）信号（拥罐）工接班后，应对所辖设备进行一次全面的检查，发现问题及时通知当班维修工处理，严禁设备带病作业。作业前要先与提升机司机及其他信号工联系，仔细检查试验所用信号设备、设施是否正常。确认安全可靠后，方可提升作业。

第四部分

应知应会篇

第一章　提升机司机应知应会

1. 提升机操作中“一严、二要、三看、四勤、五不走”的内容是什么？

答：“一严”是严格执行《安全操作规程》；

“二要”是要手不离操作手柄、坐姿端正、精神集中；替换司机要在提升机不运行时；

“三看”是启动看信号、运行方向、绳在滚筒上的排列情况，做到启动准确平稳；运行看仪表、深度指示器，做到运行正常；停车看深度指示器和视频监控，做到停车准确，一次到位；

“四勤”是勤听、勤看、勤检查、勤保养；

“五不走”是当班情况交不清不走，任务完不成不走，设备和机房清洁卫生搞不好不走，有故障能排除而未排除不走，未经接班者签字不走。

2. 提升工作中应做到“三知”和“四会”，具体内容是什么？

答：“三知”是知设备结构、知设备性能、知安全设施的作用原理；

“四会”是会操作、会维修、会保养、会排除故障。

3. 提升机的“三不开”是什么？

答：信号不明不开；没看清上、下信号不开；启动状态不正常不开。

4. 我公司副井配两名司机，一人操作一人监护，其要求是什么？

答：①司机操作时，手不准离开把手；严禁与他人闲谈；开车时不得接电话。

②在工作期间不得离开操作台，不得做其他与操作无关的事；操作台上不得放与操作无关的异物。

③司机应轮换操作，换人时必须停车。

④对监护司机的警示性喊话，禁止对答。

⑤监护司机应监护操作司机按提升人员和下放重物的规定速度操作。

⑥监护司机应及时提醒操作司机进行减速、制动和停车。

⑦遇到紧急停车而操作司机未操作时，监护司机操作急停按钮紧急停车。

5. 提升机司机对待提升信号有何规定？

答：①司机不得无信号开车。

②当司机所收信号不清或有疑问时，应立即用电话与井口信号工联系，重发信号，再进行操作。

③司机接到信号因故未能执行时，应通知井口信号工，申请原信号作废，重新发送信号，再进行操作。

④罐笼在井口停车位置，若因故需要动车时，应与信号工联系，按信号执行。

⑤罐笼在井筒内，若因检修需要动车时，应事先通知信号工，经信号工同意后，可做多次不到井口的升降运行，完毕后，再通知信号工。

6. 提升机司机动车前应该做好哪些准备工作？

答：①确认操作台上的主令手柄和制动手柄在零位，若不在零位，则应拉至零位，“手柄零位”灯亮。各个转换开关拨至正常工作位。

②同时观察操作台上的数字深度显示和钢丝绳位置（即罐笼位置），两者应完全一致，否则应查明原因，请技术人员调整处理。

③“硬件安全”灯和“软件安全”灯都必须亮。若不亮，按下“故障解除”，若还不亮则查找相应的故障原因。

④开启液压站和润滑站。只有在安全回路通的条件下液压站才能启动，否则液压站不能运行。启动后，液压站和润滑站指示灯亮。

到此准备工作已经完成，通知信号工，等待信号，准备开车。

7. 提升机在启动和运行过程中，司机应随时注意哪些情况？

答：①注意听信号并观察信号指示灯的信号变化。

②电流、电压、油压、速度、油温等各指示仪表的读数应符合规定。

③深度指示器指示位置和移动速度应正确。

④注意各运转部位的声响应正常。

⑤各种保护装置的声音、显示应正常。

⑥上提或下放过程中电流表有无异常摆动。

8. 操作台上深度指示仪显示仪表、高压电压表、速度表、液压表在正常提升时的指示范围？

答：操作台显示仪表指示范围：

数字深度指示表－637～0 m；

高压电压表（1±7%）×10 kV；

速度表0～7.97 m/s；

油压表（10±0.5）MPa。

9. 提升机动车与停车时主令手柄该如何操作？

答：动车：当收到信号工发出的信号之后，司机按信号方向拉动主令手柄。

停车：当罐笼运行到停车开关位置，提升机会自动停车，此时将主令手柄拉回零位即可。

10. 运送特殊物品时对提升机速度的要求？

答：①使用罐笼运送炸药或雷管时，运行速度不得超过2 m/s，运送火药时不得超过2 m/s。

②运送火药或炸药时，应缓慢启动和停止提升机，避免罐笼发生剧烈震动。

③吊运特殊大件、长材时，其运行速度不得超过0.5 m/s。

④检查主绳和尾绳的速度，一般不大于0.3 m/s。

⑤因检修井筒或处理故障，人员需站在罐笼顶上工作时，其罐笼的运行速度一般为0.15～0.3 m/s，最大不超过0.3 m/s。

11. 提升机在运转中发现哪些情况时要中途停车？

答：提升机在运转中发现下列情况之一时，应立即停车：

①电流过大，加速太慢，起动不起来。

②油压表所指示的压力不足。

③提升机声响不正常。

④钢丝绳在滚筒上排列发生异状。

⑤发现不明信号。

⑥速度超过规定值，而限速、过速保护又未起作用。

⑦在加、减速过程中出现意外信号。

⑧主要部件失灵。

⑨接近井口时尚未减速。

⑩其他严重的意外故障。

12. 中途需要停车，如何操作？

答：中途需要停车时，慢慢控制“主令手柄”回零位待速度减下来后，把主令手柄和制动手柄迅速同时拉回零位，在运行中尽量不要直接收制动手柄，可通过主令手柄拉回零位减速，当速度降到一定程度后再收回制动手柄。

13. 当遇到紧急情况时，如何进行紧急停车？

答：需要紧急停车时，可以迅速拉回“制动手柄”或按下“急停按钮”，此种方式只允许在出现紧急情况时使用，一般不能这样操作。

14. 当提升机发生故障紧急停车后，司机的操作步骤？

答：①按要求操作停车。

②观察提升机有何故障，判断故障性质并迅速通知维修工。

③在得到维修人员的许可后方能复位提升机。运行时密切观察操作台的仪表指示，发现异常应立即停车。

④提升机必须运行一个循环无异常后方能投入正常运行，否则副井提升机不得提升人员和物料。

15. 提升机司机遇到信号异常怎么办？

答：如收到的信号不清或与事先联系的信号不一致，不准开车，应与信号工联系核准后才能执行运行操作。如正常运行中出现不正常信号，应按要求及时与有关人员取得联系，查明原因。

16. 当信号系统出现故障时，需要动车，如何操作？

答：当信号系统有故障时，就需要司机手动选择信号。在听清楚开车方向后，才能选方向，在选方向前，必须先按“方向解除”再选正向或反向，如果是慢点需要开慢速，可以选择“检修”。这时候只有“选择正向或反向”“允许开车”灯都亮，才允许开车。

17. 提升机过减速点后未自动减速提升机司机该如何处理？

答：如果发现提升机过减速点后未自动减速，提升机司机应马上收回主令手柄，手动控制提升机减速停车，停车后马上向维修人员及技术人员汇报情况。

18. 提升容器达到信号指定停车位置时，无停车信号怎样操作？

答：无信号也要收回主令手柄，停止运行。

19. 运行时，不得突然改变运行方向，必要时应该怎样操作？

答：必要时必须先停车，再通过信号工指令进行换向。

20. 副井提升机的操作方式有哪些？

答： 半自动方式、手动方式、检修方式、平罐方式。

21. 用主令手柄开车可以实现提升机哪些动作？

答： 加速、匀速、减速、停车。

22. 提升机过卷时怎样开车？

答： 卷扬过卷后，只能按过卷方向的反方向运行。若卷扬过卷，则安全回路断开，选择过卷复位方式，复位安全回路，然后选择正常方式开出过卷区。

23. 提升机房信号系统必须具备怎样的标准？

答： 必须同时发声和发光，提升装置应有独立的信号系统。

24. 提升机的爬行速度和检修速度应保证什么范围？

答： 爬行速度不大于 0.3 m/s，检修速度 0.15 ~ 0.3 m/s。

25. 矿井提升机点检的内容有哪些？

答： ①制动系统是否灵敏可靠。

②滚筒转动时有无异常声响。

③各轴承温度是否正常。

④深度指示器是否准确可靠。

⑤各种安全保护装置是否灵敏可靠。

⑥各种仪表是否指示正常。

⑦提升电机是否运转正常。

⑧电控系统的接触器、继电器动作是否可靠。

⑨钢丝绳是否安全可靠。

⑩井筒装备、装卸载设备等是否安全可靠。

26. 提升机点检的要求？

答： ①点检每天不得少于 1 次。

②点检要按照提升机司机点检本的内容和要求依次逐项检查，不能遗漏。

③在点检中发现的问题要及时处理，不能处理的应及时上报，通知维修工处理。

④点检中发现的问题及处理结果应详细做好记录，对不立即产生危害的问题，要进行连续跟踪观察，监视其发展情况。

27. 按照提升机司机交接班制度要求，什么情况下交班司机不得交班？

答： ①按照点检制规定的内容和要求，本班没有认真对设备进行检查和保养。

②各种记录本没有按规定填写。

③本班发生的故障未弄清楚，留有能处理而未处理的问题，又未得到有关负责人允许离开时。

④不是接班司机，又未得到有关负责人的同意而来接班的。

⑤接班司机精神状态不佳或酒后上岗时，不得交接班。

28. 副井提升机操作室共有多少个急停开关，分别在什么位置？

答： 1 个，在右操作台。

29. 简述提升机启动与开车信号之间的联锁关系。

答： 当提升机准备就绪时，开车信号无法接通，提升机不能启动运行。

30. 副井变电所采用的进线方式是什么，电压等级是多少？

答：双回路，10 kV。

31. 副井提升机摩擦轮直径、导向轮直径是多少？

答：副井提升机摩擦轮直径 3.5 m，导向轮直径 3.5 m。

32. 副井首绳、尾绳数量和直径？

答：副井首绳 4 根，直径 34 mm；尾绳 2 根，直径 50 mm。

33. 副井最大提升速度、加速度、爬行区速度分别为多少？

答：最大提升速度为 7.97 m/s，加减速度为 0.5 m/s^2，爬行速度为 0.5 m/s，低爬速度为 0.3 m/s。

34. 副井电机励磁方式为什么方式？

答：他励。

35. 安全回路的作用是什么？

答：安全回路是由安全制动接触器以及各种保护装置的触点串联起来形成的一个控制回路，它同各保护装置相配合，在提升系统发生意外时，能自动将提升电源切断并使提升机安全制动。

36. 副井提升系统除停车和换层开关外还有哪些井筒开关？

答：过卷开关、上同步开关、上速度减速点开关、下速度减速点开关、下同步开关、平衡锤过卷开关。

37. 提升机共有多少脉冲编码器和测速电机，分别在什么位置？

答：3 个脉冲编码器和 1 个测速电机。电机侧 1 个编码器和 1 个测速电机，滚筒侧 1 个编码器，导向轮侧 1 个编码器。

38. 副井左边深度指示仪的从上到下的开关分别为哪些开关？

答：上过卷开关、上停车开关、上高速定点开关、上减速开关、上同步开关、下过卷开关、下停车开关、下高速定点开关、下减速开关、下同步开关、一水平停车、一水平换层、二水平停车、二水平换层、三水平停车、三水平换层、四水平停车、四水平换层、五水平停车、五水平换层、六水平停车、六水平换层。

39. 闸间隙传感器正常间隙范围值应为多少毫米？

答：0.8～1 mm。

40. 提升机过卷装置应设在正常停车位置多少米处？

答：0.5 m。

41. 电控系统有哪些保护？

答：高压保护、低压保护、速度保护、位置测量保护、温度保护、运行的同步保护、辅助设备状态保护、过卷保护、井筒设备的状态保护、液压制动系统的保护等。

42. 副井最大工作载重为多少吨？载人数为多少？

答：副井最大工作载重为 16 t，最大载人数为 110 人。因副井平衡锤改造，调整后的最大工作载重为 8 t，最大载人数为 80 人。

43. 副井提升系统的速度检测装置有哪些？

答：编码器、测速电机。

44. 位置检测显示环节有哪些？

答：数字深度指示器和上位机界面。

45. 副井提升机型号及主电机转速、功率各为多少?

答: 提升机型号:JKMD3.5×4ZⅠ;主电机转速:500 r/min;功率:1000 kW。

46. 提升机开车方式有几个速度挡位,速度范围分别是多大?

答: 有高/中/低3个速度挡位。低速时,最高速度为2 m/s;中速时,最高速度为4 m/s;高速时,最高速度为7.97 m/s。3个挡的调节范围分别为0~2 m/s、0~4 m/s、0~7.97 m/s。

47. 提升机运行时靠什么控制速度大小?

答: 通过推主令手柄来控制速度的大小,不应由制动手柄调节速度,即通过主令手柄调速时制动手柄不动。提升机正常运行时制动手柄应推到最大,闸电流应指示在正常最大值。

第二章　信号（拥罐）工应知应会

1. 什么是副井提升的提升信号装置？

答：用作提升机房、井口、井下各水平之间信号联络并具有必要闭锁的装置。

2. 井下信号系统必须具备怎样的标准？

答：井下信号必须同时发声和发光，提升装置应有独立的信号系统。

3. 对罐笼提升系统的信号要求？

答：罐笼提升系统的井底、井下各水平、井口和提升机房之间，均设有声光和数显信号相连通，并装有直通电话。在使用过程中任何一种信号装置出现异常，应立即与井口信号工联系，并通知维修工进行维护。

4. 信号系统设有哪几种信号？

答：工作执行信号、水平指示信号、提升类别信号、检修信号、手动信号。

5. 对操车系统信号有什么要求？

答：井口和各水平的安全门及摇台与提升信号有闭锁。只有在安全门关闭、摇台抬起后，才能发出开车信号。阻车器中单阻和复阻之间有连锁，单阻和复阻不能同时打开。在操作中如发现异于规定的现象，应通知井口信号工，并及时联系维修工进行处理。

6. 提人、提物及检修信号有什么关系？

答：三者是闭锁的。

7. 信号装置有什么特点？

答：井下各水平开车信号（提升、下放）是通过井口信号台转发给提升机司机的，慢上、慢下信号则是直接发给提升机司机，且都在信号显示屏上保留。在操作中，如果发现信号的显示与所发信号不符，应立即通知井口信号工，并及时联系维修工进行维护。

8. 各水平信号装置有什么特点？

答：各水平信号之间是闭锁的，同一时间内，只允许一个水平向井口总信号台发送信号。仅在罐笼所在水平发出开车信号后，井口总台方能向提升机司机发出开车信号。

9. 信号工发信号的步骤？

答：选择提升种类→选择运行去向→发开车信号。

10. 副井如何选择提升种类？

答：按键盘“1”选择提人，信号显示器显示“提人”；按键盘“2”选择提物，信号显示器显示“提物”；按键盘“3”选择提矿，信号显示器显示“提矿”；按键盘“4”选择检修，信号显示器显示“检修”。

11. 如何选择运行去向？

答：当井口信号台选择“井口控制”位置时：只有井口信号工能够选择运行去向，通过键盘数字选择要去中段，取消键可取消去向重新选择。当井口信号台选择“中段控制”位置时：只有“罐笼所在中段”信号工（包括井口）能够发出运行去向，通过键盘数字选择要去中段，取消键可取消去向重新选择。

12. 如何操作开车信号?

答：当安全门关闭、摇台抬起、无急停，选择了提升种类和有效去向后：

①罐笼在井口时，井口信号工可直接按相应的开车按钮（“提升”“下放”“慢上”“慢下”，其中“提升”和“下放”按钮必须和程序内部判断上提下放一致），发开车信号，允许开车灯亮，开车铃响（2声“提升”，3声“下放”，4声“慢上”，5声“慢下”），按停车按钮可消除开车信号。

②罐笼在中段时，中段信号工可按相应的开车按钮（“提升”“下放”“慢上”“慢下”，其中“提升”和“下放”按钮必须和程序内部判断上提下放一致）发中段信号，信号显示灯亮并闪烁，中段信号铃响（2声“提升”，3声“下放”，4声“慢上”，5声“慢下”），井口接收到信号后，可按相应的开车按钮（“提升”“下放”）发开车信号（与中段信号一致），允许开车灯亮，开车铃响；按停车按钮可消除开车信号。

13. 如何发对罐信号，应该注意什么?

答：罐笼所在罐位发“慢上”“慢下”信号，中段时直接发到司机室。由司机慢速开车对罐。对罐结束时由信号工打停点结束。当打“慢上”“慢下”信号时，提升机不会自动停车，需中段信号工打停车信号将车打停。

14. 如何进行应急打点?

答：若中段信号箱出现问题，不能正常通信时候，可以使用应急打点方式。方法如下：把旋转开关打在“PLC故障”位置，然后按“应急打点”按钮；根据实际情况选择要去的水平；同时井口信号台选择“井口控制方式”，并且选择“检修”方式，根据中段选择相应的去向和方向。

若中段箱和井口信号都出现问题，可以使用应急打点方式。方法如下：把信号箱和信号台都打在“PLC故障”位置，根据实际去向和速度要求，按应急打点按钮打相应的点数；井口信号工根据接收的点数，也按应急打点按钮打点相应点数转给提升机房；提升机工根据听到的点数判断开车方式。

15. 罐笼到达本水平时信号工应怎样操作?

答：罐笼到达本水平时自动停车，等罐笼停稳后，放下摇台，再开安全门，最后打开阻车器。严禁在罐笼未停稳前放下摇台和开安全门。

16. 简要说明信号台信号界面有哪些按钮?

答：信号界面按钮有：状态按钮，去向选择按钮，上提、下放、急停、慢上、慢下、停车等按钮。

17. 举例说明信号工如何进行下放信号操作?

答：例如1水平去3水平：1水平信号房选择提人（提物/大件）状态→打去向3水平→打下放信号，即1水平完成本次信号。当罐笼到达3水平自动停车以后，完成本次提升操作。

18. 举例说明信号工如何进行上提信号操作?

答：例如4水平去2水平：4水平信号房选择提人（提物/大件）状态→去向2水平→上提信号→井口信号房转发此次信号即完成4水平本次操作。提升机到2水平自动停车以后，完成本次提升任务。

19. 本水平换层，信号工如何操作？

答：打换层状态→打去向（本水平）→打慢上慢下信号→井口转发信号→（换层完以后）自动停车，完成本次换层任务。

20. 把罐工和信号工的关系？

答：把罐工和信号工在工作中互相配合、相互协作。把罐工按照相关规定维护罐笼上下人员秩序，确认罐笼提升安全后，通知信号工发开车信号。设备运行过程中发现问题，及时与信号工沟通并联系维修工进行处理。

21. 维护人员在井口作业时，把罐工该怎么做？

答：当维修人员在井口或站在罐笼顶部作业时，把罐工应进行监护，严禁非工作人员靠近井口，并严禁任何人向井筒内扔杂物。

第三章 维修工应知应会

1. 提升机制动系统检查标准？

答：①制动装置的操作机构和传动杆件动作灵活，各销轴润滑良好，不松旷。

②制动轮或闸盘无开焊或裂纹，无严重磨损，磨损沟纹的深度不大于1.5 mm，沟纹宽度总和不超过有效闸面宽度的10%，制动轮的径向跳动不超过1.5 mm。制动盘的端面跳动不超过1 mm。

③闸瓦及闸衬无缺损，无断裂，表面无油迹，闸瓦与闸轮或闸盘的接触良好，制动中不过热，无异常振动和噪声。

④松闸后的闸瓦间隙：平移式不大于2 mm，且上下相等；角移式在闸瓦中心处不大于2.5 mm，盘型闸不大于0.8～1 mm。

2. 天轮及导向轮的检查要求？

答：①天轮或导向轮的轮缘和辐条不得有裂纹、开焊、松脱或严重变形。

②有衬垫的天轮和导向轮，衬垫固定牢靠，槽底磨损量不得超过钢丝绳的直径。

3. 提升机所用的紧固件使用维护有何要求？

答：①螺纹连接件和锁紧件必须齐全，牢固可靠。螺栓头部和螺母不得有铲伤或棱角严重变形。螺纹无乱扣或秃扣。

②螺栓拧入螺纹孔的长度不应小于螺栓的直径。

③螺母扭紧后螺栓螺纹应露出螺母1～3个螺距，不得用增加垫圈的办法调整螺纹露出长度。

④稳钉和稳钉孔应吻合，不松旷。

⑤铆钉必须紧固，不得有明显歪斜现象。

⑥键不得松旷，打入时不得加垫，露出键槽的长度应小于键全长的20%，大于键全长5%。

4. 弹性圈柱销式联轴器弹性圈外径与联轴器销孔内径差有何要求？

答：内径差不应超过3 mm。柱销螺母应有防松装置。

5. 齿轮式联轴器齿厚的磨损量有什么要求？

答：磨损量不应超过原齿厚的20%。键和螺栓不松动。

6. 主轴日常检查的完好标准？

答：轴不得有表面裂纹，无严重腐蚀和损伤。

7. 滑动轴承完好标准？

答：轴瓦合金层与轴瓦应黏合牢固，无脱离现象。合金层无裂纹、无剥落，如有轻微裂纹或剥落，但面积不超过1.5 cm^2，且轴承温度正常。

8. 副井提升轻故障与重故障有何区别？

答：轻故障时可旁路开车，但只能完成本次运行，下次运行前必须解除故障后才能发开车信号，进行下一次运行；重故障时安全回路动作，卷扬安全制动，处理完故障后方能开车运行。

9. 在立井提升速度大于多少时，必须设防撞梁和托罐装置？

答：3 m/s。

10. 升降人员和物料的罐笼，必须符合什么要求？

答：①罐顶应有能够打开的铁门或铁盖，罐内两侧应装设扶手。

②罐底必须铺满钢板，并不得有孔。如果罐底下面有阻车器的连杆装置时，必须设牢固的检查门。

③罐笼两侧用钢板挡严，靠近管道的部分不得有孔。

④罐笼进出口两头必须装设罐门或罐帘，高度不得小于1.2 m，罐门或罐帘下部边缘至罐底的距离不得超过250 mm，罐帘横杆的间距，不得大于200 mm，罐门不得向外开。

⑤提升矿车的罐笼内，必须装有阻车器。

⑥单层罐笼或多层罐笼的最上层，净高不得小于1.9 m，其他各层净高不得小于1.8 m。

11. 当提升机出现跳闸而又无法复位开车时，维修工该采取什么措施？

答：①首先询问卷扬司机故障发生的过程。

②然后查询上位机界面以及闸控面板界面有无故障。

③尝试是否能旁路相应故障，如果能旁路故障，罐笼内有人员，可完成本次提升后再处理故障。

④处理故障时携带好电控、闸控、传动、信号操车图纸，减少处理故障的时间。

12. 处理井筒开关故障应该注意什么？

答：①掌握罐笼在不同位置时，各井筒开关正常时的开关状态。

②熟悉各井筒开关的实际位置，以及开关电线接头的位置。

13. 处理接地故障应该注意什么？

答：①通过图纸确定接地的线路，接地线路一般处在潮湿环境下（如井筒、操车地沟）。

②检查接地线路的各接头和接线箱以及可能被矿石砸到的部位。

14. 处理信号操车系统故障应该注意什么？

答：①信号系统故障一般为通信故障，故障常发部位为光纤接头处。

②操车系统故障一般为闭锁故障，故障常发部位为安全门、摇台、阻车器到位开关和井底的拉绳开关以及操作台闭锁按钮。

③处理故障时带好信号操车图纸，平时多熟悉图纸，减少故障处理时间。

15. 副井卷扬有哪些过卷保护？

答：机械开关过卷保护、软件程序过卷保护。

16. 操作台的维护内容？

答：①各仪表指示准确，与实际相符。

②各按钮和转换开关动作灵活，触点接触良好无氧化现象。

③各指示灯显示正常。

④数字深度指示器指示精确，无缺画，与实际位置相符。

⑤操作台柜内定期除尘，接线端子定期紧固。

17. 过卷等安全保护装置动作不准或不起作用时，应采取怎样的措施？

答：必须立即进行故障排查，予以解决。

18. 副井提升机系统除停车开关和换层开关外还有哪些井筒开关？

答：过卷开关、上同步开关、上速度减速点开关、下速度减速点开关、下同步开关、平衡锤过卷开关。

19. 副井左边指示仪从上到下分别有哪些开关？

答：上过卷开关、上停车开关、上高速定点开关、上减速开关、上同步开关、下过卷开关、下停车开关、下高速定点开关、下减速开关、下同步开关、一水平停车、一水平换层、二水平停车、二水平换层、三水平停车、三水平换层、四水平停车、四水平换层、五水平停车、五水平换层、六水平停车、六水平换层。

20. 高压柜停电操作步骤？

答：①首先应检查核对是否为操作的柜体，否则不准擅自操作。

②按“分闸”按钮，使断路器分闸，观察分闸指示灯是否亮。

③将高压柜断路器摇到试验位置，试验位置指示灯亮。

④合上接地刀闸（需检修时操作）。

⑤在停电高压柜上挂停电指示牌。

21. 高压柜送电操作步骤？

答：①首先应检查核对是否为操作的柜体，否则不准擅自操作。

②断开接地刀闸。

③用摇把将断路器摇入工作位置，工作位置指示灯亮。

④按“合闸”按钮，使断路器合闸，观察合闸指示灯是否亮。

⑤确认一切正常后，送电操作结束，挂运行标示牌。

22. 各种仪表和计量器具的检查维护内容？

答：各种仪表和计量器具要定期进行校验和整定，保证指示和动作准确可靠。校验和整定要留有记录，有效期为一年。

23. 提升机信号和通信系统检查要求？

答：信号系统应声光具备，清晰可靠，并符合闭锁要求规定。通信质量畅通清晰。

24. 源创电控系统控制电源送电顺序？

答：依次送主令柜内的工作电源→液压站电源→润滑站电源→主风机电源→UPS 电源开关。

25. 变频器送电顺序？

答：依次送变频器柜风机电源→变频器柜控制电源→变频器电源。

26. 源创电控系统有几种开车方式？

答：提升电控系统具有半自动、手动、检修以及平罐开车 4 种开车方式，通过操作台模式选择开关切换。

27. 主令柜的 PLC 出现故障或有逻辑闭锁而当前无法解除，但又需要开车时，该如何进行操作？

答：①将提升数控柜（+DC）柜门上的“故障开车”转换开关转至应急开车位置。

(2 位置为应急正向，1 位置为应急反向)。

②在低压电源柜门上选择“本控”在此柜门上启动润滑站、主风机；在调节柜上“启动装置”即变流器等设备。

③通过“故障解除”按钮接通安全回路，再在低压电源柜上“启动液压站”。

④在各手柄处于零位的情况下，依据开车方向，向后拉主令手柄或向前推主令手柄，然后推开制动手柄，使变流器正常出力。为防止倒转，闸把推得要比平时慢。

⑤需要停车时，将主令手柄和制动手柄拉回零位，抱闸停车。

⑥完成提升任务后，将故障开车转换开关置于正常位置“0”，停变流器，断开安全回路，检查并排除故障。排除故障后，在低压电源柜上选“远控”，方便正常后在操作台上启动设备。

⑦在采用应急开车方式时，系统只具备基本的开车功能，无自动判向、自动减速、自动停车等功能。

28. 电控系统的日常维护?

答：维护应在系统全面停电 5 min 后进行，原则上一个月维护一次。

维护的内容：

①清除柜内的灰尘：包括元器件上的和电路板上的，可用一般的风枪和干净的刷子，尽量保持清洁干净，因为灰尘容易导电。

②紧固连接：包括主回路的连接螺丝、接线端子上的接线螺钉，元器件上的接线螺钉以及其他未使用的螺钉，必须全部紧固。

③观察风机的运行：观察风机的运行方向是否正确，风量是否足够等。

④检查液压系统和润滑系统是否正常，每个电磁阀的动作情况，液压站和润滑站每个班切换一次，必须先停止后再切换，检查液压系统二级制动和一级制动的动作效果以及制动闸间隙（参见具体厂家的相关说明）。

⑤检查各种保护的动作情况，主令柜内的可调电阻及电路板调节电阻设定值不能随意改变，必须做好记号。

29. 当在正常位置停车时，编码器显示的位置与实际位置不一致，偏差较大时，如何操作?

答：井口清零：如果一段时间运行后深度明显误差（正常 -637 ~0 m），只要打开检修状态，把车开到井口正常停车位并且开口停车开关动作，检修 + 方向解除 + 选择正向 + 井口停车开关动作。

第五部分

专项措施篇

第一章　副井罐笼下放大件安全技术措施

根据公司生产需要，副井需下放大型综合设备及一些大型材料。为保证设备及材料的安全下放，制定副井罐笼下放大件安全技术措施。

一、组织措施

总指挥：运行车间主任

现场指挥：运行车间副主任

施工人员：运行车间维修班组

二、组织施工前准备工作

（1）下放大件、长材前，维修班组必须落实好放大件所需的材料和工具。

（2）施工前，组织参加人员学习安全技术措施，熟知操作内容及注意事项，并向安全科汇报。

（3）参加人员要在下放大件、长材前 10 min 到达井口，并做好一切准备。

（4）施工人员严禁酒后上岗，且要求精神状态良好。井底要安排人员看守，在作业期间，不得让他人靠近井筒，以防工具或其他异物坠落而伤人。

（5）下放大件、长材时提升机速度不超过 0.5 m/s。

三、下放大件程序

（1）所有施工人员要服从统一指挥，指挥者应认真学习《大件、长材下放专项方案》。

（2）下放前，维修班组要将大件、长材运到井口。

（3）将大件、长材固定（如有需要可将最上层保护伞拆下），用倒链将大件、长材提起，有序地将大件、长材放到罐笼内（如需上井架作业时，要系好安全带），底端要放平稳；

（4）下放到位置后，施工人员要时刻注意安全（如需上井架作业时，要系好安全带），做到不伤害自己，不伤害他人。

（5）信号工及提升机司机要精神集中，按照指令开车。

（6）大件、长材下放后，向有关部门汇报施工完毕。

四、技术措施

（1）施工人员必须熟悉起重工具的规格名称、使用方法及起吊重量，应了解井筒（包括罐道、罐道梁及梯子间等）情况。

（2）吊运前，施工人员必须对施工所使用的吊运工具、设备、保险装置及安全设施进行检查，决不准使用已损坏、有异状、腐朽的吊运工具和保险设备。

（3）吊运物件装车时，清除装卸地点杂物，不准猛放或乱扔，以免物件损坏。下放吊运物件前，对井筒要自上而下检查一遍，清除易坠物料，防止发生事故。

（4）吊运前，由现场指挥的人员，与井口信号工和提升机司机进行联系，确定提升机运行速度及时间、吊运物件名称、规格及重量等，并详细交代清楚。

（5）选择起吊点前，必须对起吊重物进行重量核算，然后根据现场具体情况合理选择起吊点。

（6）吊运器材设备，应以通过井口锁扣梁尺寸和提升高度为标准，重量也不得超过规定，并时刻注意不准碰触井筒内一切设备。

（7）设专人绑扎吊运物件，拴绳套、缠捆钢丝绳、起吊套及拴物件的绳连接牢靠，以防物料松散下窜。用罐底吊运时，钢丝绳与拴吊的铁梁接触点，要用软物（如木板、胶皮等）垫好，防止钢丝绳受硬伤。

（8）物件捆绑拴绳套及拴吊等操作完毕后，要有专人检查，确无问题后，开始起吊。

（9）起吊物件时，吊起或将至位置时，速度必须慢，不准猛提、猛松。

（10）吊运器材设备下放过程中，若发现意外问题或井筒内有异常响声，应立即停车检查，并采取相应措施。

（11）被吊运物件上禁止站人。

（12）吊运物件将近井下位置时，井下人员应提前注意，做好准备。

（13）下放到预定水平后，用倒链将大件拉出罐笼，放在平板车上，吊运物件装车后，必须用绳锁拴牢。

五、安全措施

（1）进行起吊及搬运作业时必须指定安全负责人统一指挥，所有施工人员要精力集中，严禁说笑打闹。

（2）所有参加施工的人员严禁酒后上岗，必须熟悉现场作业环境。

（3）倒链起吊重物时，首先应检查悬吊梁的强度和稳定性。起吊重物时，安全负责人必须对起吊点的状态进行监护。如有异常，应立即停止作业进行处理，确认安全后，方能进行作业。

（4）在任何情况下，严禁用人体重量来平衡被吊运的重物。不得站在重物上起吊。进行起重作业时，不得站在重物下方等不安全的地方，严禁用手直接校正被重物张紧的吊绳、吊具。

（5）将起吊绳逐渐张紧，使物体微离地面，进行试吊。检查物体平衡，捆绑应无松动，吊运工具、机械正常无异响。如有异常应立即停止吊运，将物体放回地面进行处理。

（6）用人力搬抬重物时，要有专人统一指挥，齐心协力，喊齐口号，防止伤人或损坏设备。

（7）凡是在井口及井筒内的操作人员，必须系安全带，戴安全帽。安全带必须拴在牢固可靠地点，并检查是否可靠和便于工作，经检查无误后，方可工作。

六、其他事项

其他事项严格执行公司各项制度及规定。

第二章　井底水窝清理专项措施

为了保证副井井底水窝内淤泥及杂物不影响提升系统正常运行，需定期对副井井底水窝内的淤泥及杂物进行清理。为了确保清理淤泥工作能安全、顺利地进行，制定此安全技术措施。

一、施工所需材料

吊桶1个，板车1辆，长木板10块，钢丝绳50 m，麻绳50 m，安全带6条，雨衣雨裤6套，铁锹6把。

二、施工前的准备工作

（1）排水人员将井窝水抽至最低限。

（2）施工前在5 m范围内设置警戒线，严禁闲杂人员进入副井底警戒线以内范围影响施工。

（3）安排两人通过梯子间下至副井井底水窝淤泥上方，并经专用的木板交叉放置在水窝淤泥上，便于清淤人员站立。

（4）将吊桶悬挂至罐笼底部。

三、施工具体步骤及方法

（1）一切准备工作就绪后，清淤人员戴好安全带通过梯子间下到淤泥上方，站立于木板上，并随即将安全带锁于周围梯子间固定牢靠，准备好后用铁锹将淤泥或杂物放入吊桶内。

（2）清挖人员站在木板上不得随意走动，以防陷入淤泥，并谨慎施工，防止工具碰伤别人和自己。

（3）清理时人员站在井底罐笼的下方，做好防护。

（4）吊桶装满后将罐笼上提，待吊桶提至－600水平，用麻绳将吊桶拉至巷道内，放于板车上，再通过罐笼提至地表。

（5）在吊桶提升过程中，清淤人员必须撤至梯子间内，防止有杂物坠落伤人。

四、安全注意事项

（1）所有参与施工人员和涉及施工的人员施工前必须全面学习本措施，了解施工的方法及安全注意事项。

（2）施工前，清理井口及井底周围10 m范围内（包括井架、井筒）、摇台下方所有杂物。杂物的清理工作由维修班从上到下依次进行。清理杂物期间，严禁提升作业，井口、井底严禁站人。井筒杂物清理必须在安全伞下进行。

(3) 施工前对罐笼、摇台、井筒及梯子间等影响施工的安全隐患进行全面排查，待隐患处理完毕后方可施工。

(4) 如遇大风降雨影响井下施工安全的必须停止施工。

(5) 施工期间井口设好警戒线，严禁无关人员进入。

(6) 施工人员精神状况良好，严禁酒后作业。现场施工负责人负责施工过程的整体协调与指挥，并时刻观察现场安全措施情况，出现问题及时通知施工人员撤离或就近进行安全躲避。

(7) 所有现场施工人员必须佩戴齐安全帽、手电、自救器等防护用品，清淤人员还必须系好安全带。

(8) 每次施工前，利用水泵将水窝内积水排至最低水位，确保清理工作安全顺利进行。

(9) 清淤人员要根据现场淤泥情况判断是否有下陷的可能，如果有，则立即停止作业，并采取有效措施，严禁冒险作业。

(10) 提升机司机提升下放罐笼时速度不得大于0.3 m/s，吊桶内盛放木板等长件时，一定要捆绑牢固。提升时，吊桶下方及钢丝绳两侧严禁站人，提放过程必须缓提慢放，注意安全。

(11) 人工装杂物时，要注意与周围其他作业人员的安全距离，避免碰伤他人，做好自我保护和互相保护工作。

(12) 本措施未提内容，严格按照《金属非金属矿山安全规程》中的相关内容执行。

第三章　提升容器顶部作业专项措施

一、井筒作业上岗条件

（1）经过技术培训考试合格后，方可进入井筒装备维修施工作业。

（2）熟练掌握《金属非金属矿山安全规程》有关规定和标准，具备一定的机械电气维修、高空作业、起重基础知识，并能独立作业。

（3）熟知所维修的各种井筒装备设施的结构、性能、技术特征，掌握井筒装备设施安装、检修质量要求及安全技术措施，并了解井筒淋水、井底涌水、井壁状况的变化情况。

（4）熟悉井筒作业的各种联络信号。

（5）无妨碍本工种的疾病。

二、井筒作业前准备工作

（1）由作业负责人向参加井筒维修作业的全体人员讲明本次作业要求，作业环境、作业程序、质量要求及安全措施。

（2）由作业负责人与井上井下信号工、拥罐工和卷扬司机联系好，确定提升速度、作业内容、时间和信号种类。

（3）由作业负责人和安全负责人检查所使用的工具、设备、器材是否齐全可靠，安全带及工具绳是否牢靠。

三、井筒作业安全措施

（1）严禁酒后上岗，班中不准做与工作无关的事情，遵守相关的各项规章制度。

（2）井筒作业时不得少于两人。

（3）多人（两人以上）从事井筒维修作业时，要设作业负责人和安全检查员，统一指挥作业及检查安全状况。

（4）进行井筒维修检查作业时，上下方多组人员不得平行作业，只能按自上而下的顺序作业。因特殊情况，需要多层作业时（如更换罐道）必须按制定的安全措施执行。

（5）需站在罐笼顶部作业时，必须遵守以下事项：

①在罐笼顶上必须设保护伞和栏杆。

②作业人员必须佩戴安全带和安全帽，安全带应系在安全可靠的地方。

③提升容器的速度为0.3 m/s。

④检修用的信号必须安全可靠。

⑤作业所需要的工具、量具必须拴牢工具绳，绳的另一端应固定在可靠的位置，以防坠落。

⑥作业所需要的零备件、器材要放整齐牢靠，小型零备件应摆放在罐笼顶部，以防坠落。

⑦作业时，作业人员要相互照应，相互配合，相互提醒，避免作业时碰撞伤人。

（6）井筒内有人工作时，信号工、拥罐工把好井口，设好警戒，不准无关人员接近井口，严禁向井筒内抛丢杂物。井下各中段的落平点应设专人看管，严禁非检修人员接近井筒周围。

四、井筒作业正常操作

（1）检查井筒装备时，只允许从上往下检查（包括天轮平台和井架），并随时清理罐道梁上的碎石、木块和其他杂物。

（2）检查管道和各种部件间隙或清除间隙中的杂物时，应使用工具，不准直接用手，以防挤伤。

（3）更换滚轮罐耳、导向耳等零部件及紧固罐道螺栓等作业时，维护人员应注意相互配合，工具应拴安全绳，传递零部件时要等对方拿稳后再松手。

（4）井筒作业人员携带的工具、材料、零部件应拴绑牢固或放置于工具袋内，严禁向（或在）井筒内投掷物料或工具。

（5）在更换罐道、井筒下放电缆及风水管路敷设等大型检修项目需分班作业时，应按施工进度表及施工程序顺序作业。

（6）交接班时必须做到：

①核对工程进度。

②临时悬挂的紧固装置应安全可靠，并交代清楚。

③作业使用的工具、零配件，每项都要交代清楚。

④交接的安全带必须由专职安全员逐条检查方可再次入井使用。

⑤工作时搭接的板台、工具逐一检查，确认牢固可靠后方可使用。

（7）需在井筒内进行电气焊作业时，必须按《金属非金属矿山安全规程》的相关条款执行。

五、其他事项

（1）检修结束后，应及时清理施工现场，清点工具、材料、备件等，并通知配合工作的卷扬机司机和信号工、拥罐工。提升系统空运行一个提升循环正常后，方可正式提升。

（2）如实填写检修内容及发现的问题，并及时向主管领导汇报所发现的问题。

（3）大型检修项目结束后，应由公司派专人负责进行质量检查，确认质量合格符合规定要求后方可投入运行。

第四章　庆发矿业副井提升系统事故应急处置方案

庆发矿业副井提升系统事故应急处置方案见表4－1。

表4－1　庆发矿业副井提升系统事故应急处理方案

事故特征		事故类型和危险程度	事故类型包括触电、物体打击、机械伤害等，危险程度高
事故特征		事故征兆	1. 副井提升可能导致触电、过卷、滑罐、坠罐、卡罐、钢丝绳断绳等造成人员伤亡 2. 人的方面：缺乏安全知识，安全意识不强，工作经验不足，违章作业；管理不善，安全措施不到位；身体过度疲劳，注意力不集中，误操作 3. 环境方面：设备设施安装不良，防护设施磨损老化，防护栏腐蚀，扣件不合格，钢丝绳锈蚀、断绳；没有醒目的警示标志；其他安全缺陷
事故特征		事故发生岗位	副井提升各岗位人员、井下作业人员检查人员等
应急组织			组长：单位负责人　　副组长：单位分管领导 成员：值班长、安全员、带班人员及当班作业人员
应急职责及处置	1	伤员或第一发现人	立即汇报当班值班长
应急职责及处置	2	附近人员	立即到事故现场听从指挥参与救援
应急职责及处置	2	值班长	1. 立即到事故现场确认伤者伤情、抢救难易程度、安全状态后组织指挥救援 2. 将现场情况及时准确汇报给车间带班领导
应急职责及处置	3	车间带班领导	接到汇报后：①应立即赶赴事故现场指导组织指挥救援；②将现场情况及时准确报告车间领导
应急职责及处置	4	车间领导	1. 接到汇报后应立即询问伤情和现场情况，确认是否需要外部救援？或经过带班领导再次现场报告后确认是否需要外部救援？若需要则立即通知安全管理科向医院报告 2. 根据现场报告情况，充分协调车间人力、物力参与救援 3. 酌情（重伤或需要）应立即赶赴事故现场指导组织指挥救援 4. 将现场情况及时准确报告安全管理科、公司分管领导
应急职责及处置	5	安全管理科	1. 接到汇报及时询问清楚、作好记录 2. 酌情报告：一般轻伤5 min内报告安环部；重伤（或需要）应5 min内报告公司分管领导、安环部主任、生产部主任、办公室，同时跟踪医院出动情况 3. 同时立即随同领导赶赴事故现场，综合情况，跟踪救援进程 4. 配合领导组织指挥事故救援，提出救援措施

表4-1（续）

应急职责及处置	6	公司分管安全生产领导	1. 接到报告（安全管理科或车间）后，视事故事件严重性，充分协调公司人力、物力参与救援，同时立即（30 min 内）与安全管理科带领相关部门赶赴事故现场，指导组织指挥救援 2. 根据现场情况酌情报告公司主管领导
	7	公司主要领导	1. 接到报告后，如需要应立即赶赴事故现场指挥救援 2. 视事故事件严重性，及时报告上级公司主要领导
	8	医务所、医院	1. 接到报告后，院长或书记应立即派车，组织和带领医护人员、相应器械迅速（30 min 内）赶赴事故现场，开展救护 2. 医生（院长或书记）接收伤员后为救治第一责任人，负责判断伤情、决定医疗措施，酌情及时报告伤情或提出外援准备
注意事项	1. 抢救人员应按规定携带必要的救援工具，在救援处置时要设置事故警示牌，禁止行人通过，禁止其他作业 2. 罐笼较短时间可以修复时，及时安排熟悉井筒人员顺副井梯子间下到罐笼停滞位置和罐笼内人员联系，并告知情况使其保持情绪稳定 3. 罐笼长时间无法修复，但罐笼距井口位置较近时，应采取木板敷设形式，安排罐笼人员系好安全带，从梯子间撤出；或采取强制溜车形式将罐笼提至井口，将人员救出 4. 如发生机械故障，罐笼无法移动，且罐笼停滞距井口位置较远时，利用井口卷扬卸吊罐将人员救出 5. 如发生坠罐，则应考虑采取以下措施：信号工应立即发出紧急停罐信号，提升机司机紧急停车；坠罐紧急停车后，乘罐人员不得乱动，罐内未受伤人员应了解伤亡情况，尽快通知救援人员；坠罐造成人员受伤时，应首先考虑抢救伤员，采取行之有效的办法，尽快使受伤人员返回地面接受医疗救治；如果受伤人员不能直接返回地面，医护人员应在伤员最先到达的水平井口处对伤员实施医疗救护，并与救援小组确定伤员返回地面的最佳路线和方式 6. 提升运输设备恢复运行前，必须进行空载测试；测试结果符合要求，方可恢复运行		
应急物资存放处	公司应急物资存放在公司物资供应科仓库内；施工单位应急物资存放在各自材料仓库内		
联系方式	单位值班调度：0564－7207853　　公司调度室：0564－7258650 安全管理科：0564－7258638		

第六部分

岗位题库篇

第一章　电工考试题库

一、判断题

1. 矿井提升系统按用途分为主井提升系统和副井提升系统。(√)
2. 摩擦式提升系统只用于立井提升系统。(√)
3. 立井提升分为立井箕斗提升和立井罐笼提升。(√)
4. 立井罐笼提升系统的主要作用是为安全、生产和升降人员三方面服务的。(√)
5. 矿用提升机按滚筒直径可分为1.6 m、1.2 m、0.8 m提升机等。(√)
6. 副井电源熔断器的故障有可能导致副井电源指示灯不亮。(√)
7. 测速发电机安装后需要定芯对中调整。(√)
8. 指针式万用表内的电池，其作用是用来测量电压的。(×)
9. 已经停电但没有采取安全措施的电气设备一律视为有电设备。(√)
10. 设备检修牌挂置完毕，施工作业中的安全工作由检修方负责。(√)
11. 直流接触器启动时，由于铁芯气隙大，所以电流大。(×)
12. 变压器应在铁芯不接地的情况下工作。(×)
13. 电机轴承装配时一般轴承本体最高受热温度不超过115 ℃。(√)
14. 电机端盖螺栓紧固时，螺栓应逐一紧固。(×)
15. 理论上F级电机绕组绝缘的最高温升是115K。(√)
16. 绝缘手套、绝缘靴应一年进行一次电气绝缘试验。(×)
17. 直流电动机转动的方向可通过右手定则确定。(×)
18. 改变一台直流并激电动机的正、负电源线，这台直流并激电动机的旋转方向就改变了。(×)
19. 接触器检修结束后，该接触器应在80%额定电压下可靠动作。(√)
20. 交流电动机采取降压启动，其特点是电动机的启动力矩大大提高。(×)
21. 停电检修作业中，检修的电气设备应有明确的电路断开点。(√)
22. 介质的绝缘电阻随温度升高而减少，金属材料的电阻随温度升高而增加。(√)
23. 因绝缘电阻能够发现设备局部受潮和老化等缺陷，所以它是电气试验人员必须掌握的一种基本方法。(×)
24. 兆欧表和万用表都能测量绝缘电阻，基本原理是一样的，只是适用范围不同。(×)
25. 测量绝缘电阻可以有效地发现固体绝缘非贯穿性裂纹。(×)
26. 检查电缆温度，应选择电缆排列最密处或散热情况较好处。(×)
27. 摇测电缆线路电阻时，电缆终端头套管表面应擦干净，以增加表面泄漏。(×)
28. 在下列地点，电缆应挂标志牌：电缆两端；电缆方向改变的转弯处；电缆竖井；

电缆中间接头处。（√）

29. 技术标准按其适用范围可分为国家标准、行业标准、地方标准、企业标准4种，企业标准应低于国家标准或行业标准。（×）

30. 电缆敷设时，电缆头部应从盘的下端引出，应避免电缆在支架上及地面上摩擦拖拉。（×）

31. 电缆在下列地点需用夹具固定：水平敷设直线段的两端；垂直敷设的所有支点；电缆转角处弯头两侧；电缆终端头颈部和中间接线盒两侧支点处。（√）

32. 带有保持线圈的中间继电器分为两种：一种是电压启动电流保持的中间继电器，另一种是电流启动电压保持的中间继电器。（√）

33. 电动机“带病”运行是造成电动机损坏的重要原因。（√）

34. 穿导线钢管无论明敷或者暗敷，其管壁厚度都要求1 mm以上。（√）

35. 明敷穿导线钢管的转角曲率半径，应是钢管外径4倍以上。（√）

36. 电缆桥架上高压电缆与低压动力电缆、控制电缆不能同层排放，但低压动力电缆、控制电缆可同层排放。（×）

37. 检修现场临时接入的照明电源，可利用接地线做零线。（×）

38. 所有电气设备的金属外壳均应采取接地措施。（√）

39. 指针万用表使用完毕后，将选择转盘置于电压最高挡或空挡。（√）

40. TN－S系统是指电力系统中性点直接接地，整个系统的中性线与保护线是合一的。（×）

41. 在并联运行的同一电力系统中，任一瞬间的频率在全系统都是统一的。（√）

42. 在单相变压器闭合的铁芯上一般绕有两个互相绝缘的绕组。（√）

43. 电流互感器的铁芯应该可靠接地。（×）

44. 三相变压器绕组为Yy连接时，绕组相电流就是线电流。（√）

45. 三相变压器绕组的连接形式有星形接法（Y接）、三角形接法（D接）和曲折形连接（Z接）。（√）

46. 变压器理想并列运行的条件是变压器的电压比相等、变压器的连接组标号相同、变压器的阻抗电压相等。（√）

47. 变压器的一、二次电流之比可近似认为与一、二次侧感应电势有效值之比成反比。（√）

48. 在冲击短路电流到达之前能断开短路电流的熔断器称为限流式熔断器。（√）

49. 长期停运的断路器在重新投入运行前应通过就地控制方式进行2～3次操作，操作无异常后方能投入运行。（√）

50. 绝缘子是一种隔电部件，应具有良好的电气性能，机械性能可不作要求。（×）

51. 在继电保护回路中，中间继电器可用于增加触点数量和触点容量。（√）

52. 工作票的执行中，未经工作许可人的许可，一律不许擅自进行工作。（√）

53. 电灼伤一般分为电烙印和皮肤金属化。（×）

54. 单相电击的危险程度与电网运行方式有关。（√）

55. 绝缘杆的电压等级必须与所操作的电气设备的电压等级相同。（√）

56. 我国规定的直流安全电压的上限为72 V。（√）

57. 接地线安装时，接地线直接缠绕在需接地的设备上即可。(×)

二、填空题

1. 电动机校验必须满足（温升）、（过负荷）条件。

2. 提升机的构造主要由（主轴装置）、（减速器）、（制动装置）、（操作台）、（主电动机及电控）等部分组成。

3. 检修人员在地面提升机房检修中，使用易燃清洗剂时，（严禁抽烟）。

4. 当提升速度超过最大速度（15%）时，防过速装置动作。

5. 提升电动机超过额定（负载力矩），就是过负荷运行。

6. 当提升机房发生火灾，如火势不大要立即切断电源，可选用二氧化碳灭火器、（干粉灭火器）、（砂子）、（岩粉）等直接进行灭火。

7. 提升机的检查工作分为日检、周检和月检，应针对各提升机的（性能）、（结构特点）、（工作条件）以及维修经验来制定检修的具体内容。

8. 矿井提升机的制动系统由（制动器）和（传动装置）两部分组成。

9. 罐耳的作用是立井提升容器的（导向装置）。

10. 直流电动机励磁方式可分为（他励）、（并励）、（串励）和（复励）。

11. 变压器空载运行时，其（铜耗）较小，所以空载时的损耗近似等于（铁耗）。

12. 为了防止人体偶然触电，在电气设备中应加保护装置，保护装置主要有（保护接地）和（保护接零）两种。

13. 时间继电器的作用是（延时），中间继电器的作用是（中转）和（放大），信号继电器的作用是（动作指示）。在继电保护装置中，它们都采用（电磁）式结构。

14. 提升机的提升系统一般分为（直流）拖动和（交流）拖动。

15. 信号系统与提升机控制系统之间应有闭锁，不发（开车信号）提升机不能启动或加速。

16. 经过大修后应进行试运转，步骤为：（空运转）、（无负荷运转）、（负荷试运）。

17. 当提升容器过卷时，切断（保护回路），进行安全制动。

18. 当提升容器接近井口或井底停止位置时，应发出（减速）信号。

19. 提升机的电动机转速高，而主轴的转速受提升速度的限制，必须经过减速器将电动机的高转速降低到适合主轴的低转速，因此需用（减速机）。

20. 电压在 36 V 以上和由于绝缘损害可能带有危险电压的电气设备的金属外壳、构架，铠装电缆的钢带（或钢丝）、铅皮或屏蔽护套等必须有（保护接地）。

21. （测速发电机）在提升机的带动下转动时，把提升速度这个非电量转变为电量－直流电压，从而来进行速度监测。

三、选择题

1. 矿井提升系统的主要任务不包括下列哪一项。(D)

A. 提升矿石、矸石等　　B. 提升器材和设备等

C. 升降人员　　D. 提升机等

2. 矿井提升系统按提升容器的不同可分为三类，下列哪一项不属于此三类。(A)

A. 立井提升系统　B. 箕斗提升
C. 罐笼提升　D. 串车提升

3. 矿井井筒提升和斜井运输中的动力设备是提升电动机，按其所带滚筒的直径分，大于（　）m 的称为提升机，小于（　）m 的称为小提升机。(B)

A. 1，1　B. 2，2　C. 1，2　D. 2，1

4. 矿用提升机按滚筒直径可分为0.8 m、(B) m、1.6 m 提升机等。

A. 1.1　B. 1.2　C. 1.3　D. 1.5

5. 根据《金属非金属矿山安全规程》规定，井口安全门必须有（C）要求。

A. 传动　B. 缓冲　C. 闭锁　D. 承接

6. 在立井提升的地面井口和各个中段水平的井口，都必须装设有防止人员、矿车及其他物件坠入井底的（B）。

A. 安全绳　B. 安全门　C. 防坠器　D. 闭锁装置

7. 《矿山安全法》明确规定，(B) 必须有声光兼备的信号装置。

A. 闭锁装置　B. 提升装置　C. 缓冲装置　D. 固定装置

8. 《矿山安全法》明确规定，井底车场和井口之间、井口和提升机房之间，除有信号装置外，还必须有（D）。

A. 闭锁装置　B. 提升装置　C. 缓冲装置　D. 直通电话

9. （B）是提升作业的工作指示，是保证矿井提升系统安全运转的重要装置。

A. 闭锁装置　B. 提升信号装置　C. 缓冲装置　D. 直通电话

10. （A）按提升功能分，一般分为主井提升信号系统和副井提升信号系统。

A. 提升信号系统　B. 闭锁　C. 缓冲　D. 无答案

11. 操车系统的基本组成是由三大部分构成的，下列不属于的是（A）。

A. 过渡部分　B. 电控部分　C. 液压部分　D. 机械部分

12. 副井灯光指示信号系统，无慢车信号故障的原因可能是（B）。

A. 熔断器故障　B. 继电器故障　C. 变压器故障　D. 控制器故障

13. 副井步进选择器控制信号系统，提人时井口、井底不能发信号故障的原因可能是（D）。

A. 检修继电器故障　B. 指示灯故障　C. 变压器故障　D. 转换开关故障

14. 发生电气火灾时，不能使用的灭火物资有（B）。

A. 二氧化碳灭火器　B. 泡沫灭火器　C. 干粉灭火器

15. 电压互感器的二次线圈有一点接地，此接地应称为（C）。

A. 重复接地　B. 工作接地　C. 保护接地

16. A、B、C 三相母线的相序颜色顺序规定为（D）。

A. 红绿黄　B. 黄红绿　C. 黄绿红　D. 红黄绿

17. 在操作闸刀开关时，动作应当（A）。

A. 迅速　B. 缓慢　C. 平稳

18. 有台 380 V 开关，开关两侧均安装隔离开关，如果停电检修，你的操作顺序是（B）。

A. 停 380 V 开关、拉开电源侧隔离开关、拉开负载侧隔离开关

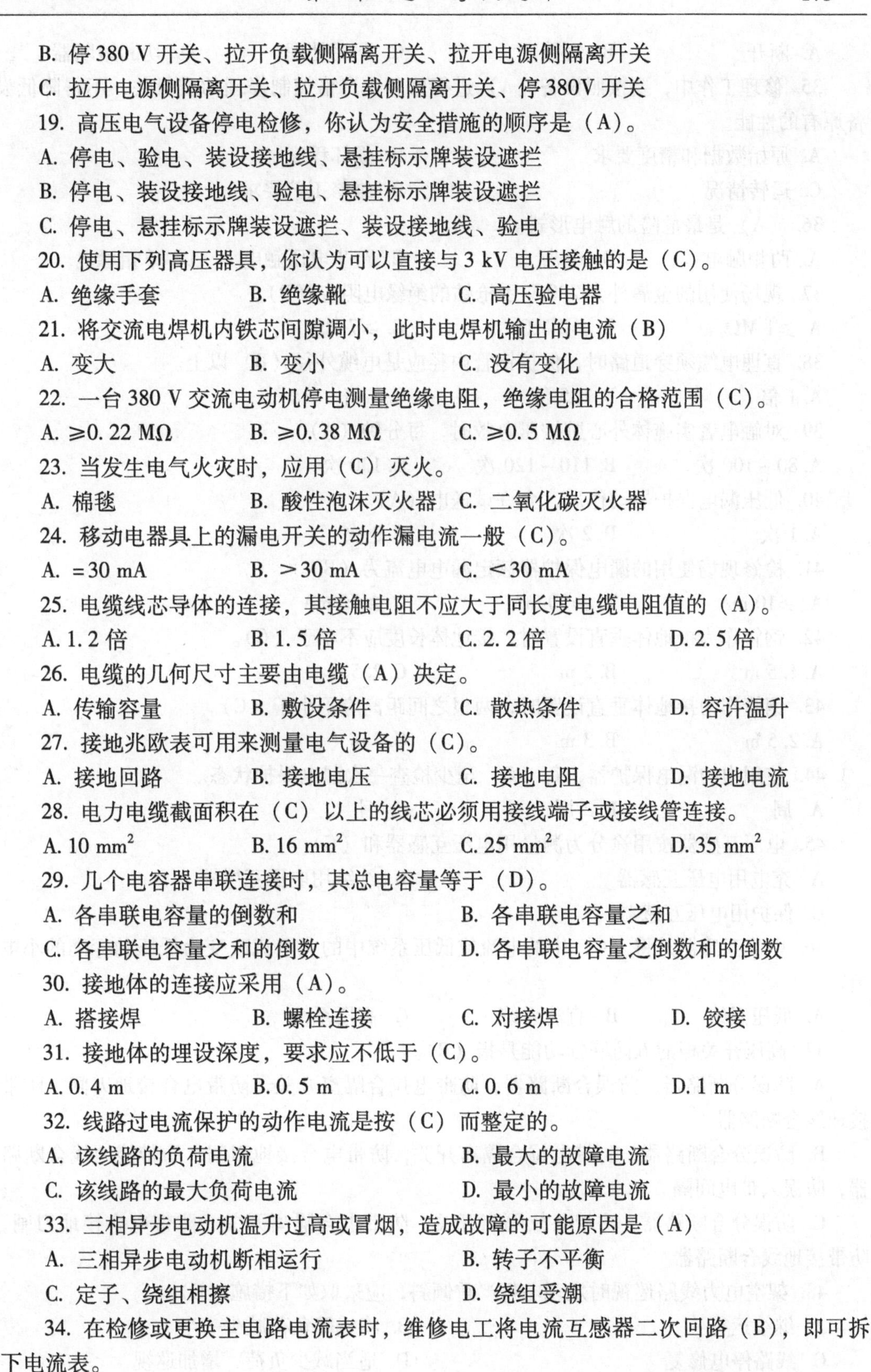

B. 停 380 V 开关、拉开负载侧隔离开关、拉开电源侧隔离开关

C. 拉开电源侧隔离开关、拉开负载侧隔离开关、停 380V 开关

19. 高压电气设备停电检修，你认为安全措施的顺序是（A）。

A. 停电、验电、装设接地线、悬挂标示牌装设遮拦

B. 停电、装设接地线、验电、悬挂标示牌装设遮拦

C. 停电、悬挂标示牌装设遮拦、装设接地线、验电

20. 使用下列高压器具，你认为可以直接与 3 kV 电压接触的是（C）。

A. 绝缘手套　B. 绝缘靴　C. 高压验电器

21. 将交流电焊机内铁芯间隙调小，此时电焊机输出的电流（B）

A. 变大　B. 变小　C. 没有变化

22. 一台 380 V 交流电动机停电测量绝缘电阻，绝缘电阻的合格范围（C）。

A. ≥0.22 MΩ　B. ≥0.38 MΩ　C. ≥0.5 MΩ

23. 当发生电气火灾时，应用（C）灭火。

A. 棉毯　B. 酸性泡沫灭火器　C. 二氧化碳灭火器

24. 移动电器具上的漏电开关的动作漏电流一般（C）。

A. =30 mA　B. >30 mA　C. <30 mA

25. 电缆线芯导体的连接，其接触电阻不应大于同长度电缆电阻值的（A）。

A. 1.2 倍　B. 1.5 倍　C. 2.2 倍　D. 2.5 倍

26. 电缆的几何尺寸主要由电缆（A）决定。

A. 传输容量　B. 敷设条件　C. 散热条件　D. 容许温升

27. 接地兆欧表可用来测量电气设备的（C）。

A. 接地回路　B. 接地电压　C. 接地电阻　D. 接地电流

28. 电力电缆截面积在（C）以上的线芯必须用接线端子或接线管连接。

A. 10 mm^2　B. 16 mm^2　C. 25 mm^2　D. 35 mm^2

29. 几个电容器串联连接时，其总电容量等于（D）。

A. 各串联电容量的倒数和　B. 各串联电容量之和

C. 各串联电容量之和的倒数　D. 各串联电容量之倒数和的倒数

30. 接地体的连接应采用（A）。

A. 搭接焊　B. 螺栓连接　C. 对接焊　D. 铰接

31. 接地体的埋设深度，要求应不低于（C）。

A. 0.4 m　B. 0.5 m　C. 0.6 m　D. 1 m

32. 线路过电流保护的动作电流是按（C）而整定的。

A. 该线路的负荷电流　B. 最大的故障电流

C. 该线路的最大负荷电流　D. 最小的故障电流

33. 三相异步电动机温升过高或冒烟，造成故障的可能原因是（A）

A. 三相异步电动机断相运行　B. 转子不平衡

C. 定子、绕组相擦　D. 绕组受潮

34. 在检修或更换主电路电流表时，维修电工将电流互感器二次回路（B），即可拆下电流表。

A. 断开　　B. 短路　　C. 不用处理　　D. 切断熔断器

35. 修理工作中，要按照设备（A）进行修复，严格控制修理的质量关，不得降低设备原有的性能。

A. 原始数据和精度要求　　B. 损坏程度

C. 运转情况　　D. 维修工艺要求

36. （A）是最危险的触电形式。

A. 两相触电　　B. 电击　　C. 跨步电压触电　　D. 单相触电

37. 现场使用的金属外壳 220 V 手枪钻的绝缘电阻应（B）。

A. ≥1 MΩ　　B. ≥2 MΩ　　C. ≥7 MΩ

38. 直埋电缆须穿道路时，保护钢管内径应是电缆外径（B）以上。

A. 1 倍　　B. 1.5 倍　　C. 2 倍

39. 对触电者实施体外心脏按压急救时，每分钟（A）。

A. 80～100 次　　B. 110～120 次　　C. 130 次

40. 低压漏电保护器动作后，允许试送电（A）。

A. 1 次　　B. 2 次　　C. 3 次

41. 检修现场使用的漏电保护器额定漏电电流为（B）。

A. ≥10 mA　　B. ≥30 mA　　C. ≥50 mA

42. 钢管作为接地体垂直设置时，接地体长度应不小于（C）。

A. 1.5 m　　B. 2 m　　C. 2.5 m

43. 钢管作为接地体垂直设置时，两根之间距离应不小于（C）。

A. 2.5 m　　B. 3 m　　C. 5 m

44. 使用中的漏电保护器，每（C）至少检查一次漏电保护状态。

A. 周　　B. 2 周　　C. 月

45. 电压互感器按用途分为测量用电压互感器和（C）。

A. 充电用电压互感器　　B. 绝缘用电压互感器

C. 保护用电压互感器

46. 电流互感器是将（C）中的电流或低压系统中的大电流改变为低压的标准的小电流。

A. 低压系统　　B. 直流系统　　C. 高压系统

47. 高压开关柜的五防联锁功能是指（B）。

A. 防误分断路器，防误合断路器，防带电拉合隔离开关，防带电合接地刀闸，防带接地线合断路器

B. 防误分合断路器，防带电拉合隔离开关，防带电合接地刀闸，防带接地线合断路器，防误入带电间隔

C. 防误分合断路器，防带电拉隔离开关，防带电合隔离开关，防带电合接地刀闸，防带接地线合断路器

48. 架空电力线路巡视时发现电杆严重倾斜，应采取如下措施（C）。

A. 继续运行　　B. 将线路负荷减少一半

C. 线路停电修复　　D. 适当减少负荷，增加巡视

49. 变压器过电流保护的动作电流按照避开被保护设备的（B）来整定。

A. 最大短路电流　B. 最大工作电流

C. 最小短路电流　D. 最小工作电流

50. 变电站运行人员巡视时，发现变压器内部有爆裂声，应（B）。

A. 适当减负荷，继续运行　B. 申请停电处理

C. 可不作操作，继续运行

51. 220 V/380 V 低压系统，遭受单相电击时，加在人体的电压约为（A）。

A. 220 V　B. 380 V　C. 10 kV　D. 35 kV

52. 人体对直流电流的最小感知电流约为（B）。

A. 0. 5 mA　B. 2 mA　C. 5 mA　D. 10 mA

53. 将电气设备的金属外壳、配电装置的金属构架等外露可接近导体与接地装置相连称为（A）。

A. 保护接地　B. 工作接地　C. 防雷接地　D. 直接接地

54. 装设临时接地线的顺序是（A）。

A. 先接接地端，后接设备导体部分　B. 先接设备导体部分，后接接地端

C. 同时接接地端和设备导体部分　D. 没有要求

55. 提升机的过卷保护装置应设在正常停车位置以上（B）处。

A. 0. 2 m　B. 0. 5 m　C. 1. 0 m

56. 当提升系统的惯性力高于系统的静阻力时，投入电气制动或机械制动的减速方式为（A）。

A. 负力减速　B. 正力减速　C. 自由滑行

57. 利用封闭系统中的液体压力，实现能量传递和转换的传动称为（B）。

A. 液力传动　B. 液压传动　C. 能力传动

58. 为预防触电，电气设备应有（A）。

A. 保护接地　B. 短路保护　C. 过负荷保护　D. 过压保护

59. 当提升速度超过最大速度（B）时，必须能自动断电，并能进行安全制动。

A. 10%　B. 15%　C. 20%　D. 25%

60. 摩擦提升机是在（C）作用下，实现容器的提升或下放。

A. 拉力　B. 压力　C. 摩擦力　D. 重力

61. 我矿提升机高压电源电压的允许波动范围为（A）。

A. ±7%　B. ±10%　C. ±15%

62. 数控提升机速度传感器一般采用（B）。

A. 测速发电机　B. 编码器　C. 自整角机

四、简答题

1. 在同一供电系统中能否同时采用保护接地与保护接零？为什么？

答：不能。在同一供电系统中，不允许一部分电气设备采用保护接地，而另一部分电气设备采用保护接零。因为若采用保护接地设备的一相碰壳时，而设备的容量又较大，熔断体的额定电流或保护元件的动作电流值也较大，接地电流不足以熔断熔断体或保护电器

动作切断电源，则不仅该设备外壳将长期呈现危险的对地电压，而且接地电流产生的电压降也将使电网中性线的电压升高：如果保护接地与保护接零的电阻相等，则中性线的电压升为1/2的相电压，采用保护接零设备的外壳上也将呈现危险的对地电压。人若触及这些运行中设备的外壳，将会触电。

2. 电气操作人员戴绝缘手套，穿绝缘靴，站在绝缘垫上，在其他电气人员监护下能否带电更换10 kV电压互感器熔断器？

答：不能。因为只有高压验电笔、绝缘棒、绝缘夹钳可以直接与高压带电设备接触。绝缘手套、绝缘靴、绝缘垫为辅助绝缘器具，不能直接接触高压带电设备。

3. 三相380 V照明变压器的零（N）线在变压器处已经接地，所以用手触摸零线是安全的，对不对？

答：不对。因为照明电路中的零线虽然在变压器处已经接地，但照明变压器三相负荷不平衡时，零线有电流流过，所以零线是带电的，有时零线的电压可达几十伏。特别是变压器处的零线接触不良或断开，零线上有很高的电压，用手触摸零线同样有触电的危险。

4. 使用万用表应注意什么？

答：应注意以下几点：①根据测量对象选择挡位；②使用前检查零位；③为了保证读数准确，测量时表要放平；④正确选择测量范围，指针在2/3附近读数准确；⑤测量直流时，表笔正极与直流电压的正极对应；⑥测量完毕，将挡位放在交流电压挡。

5. 对电缆接头有哪些要求？

答：对电缆接头的要求：①良好的导电性，要与电缆本体一样，能持久稳定地传输允许载流量规定的电流，且不引起局部发热；②满足在各种状况下具有良好的绝缘结构；③优良的防护结构，要求具有耐候性和防腐蚀性，以及良好的密封性和足够的机械强度。

6. 同一层支架上电缆排列配置方式，应符合哪些规定？

答：①控制和信号电缆可紧靠或多层叠置；②除交流系统用单芯电力电缆的同一回路可采取品字形（三叶形）配置外，对重要的同一回路多根电力电缆，不宜叠置；③除交流系统用单芯电缆情况外，电力电缆相互间宜有35 mm空隙。

7. 变压器长时间在极限温度下运行有哪些危害？

答：一般变压器的主要绝缘是A级绝缘，规定最高使用温度为105 ℃，变压器在运行中绕组的温度要比上层油温高10～15 ℃。如果运行中的变压器上层油温总在80～90 ℃，也就是绕组经常在95～105 ℃，就会因温度过高使绝缘老化严重，加快绝缘油的劣化，影响使用寿命。

8. 发现220/380 V触电者，怎样处理与急救？

答：首先使触电者脱离电源，方法有：①切（拉）断电源；②用绝缘物挑开有电导体；③用绝缘工具切断有电导体；④拉触电者干燥的衣服脱离电源。触电者脱离电源后，通过各种方法向医疗单位呼救。与此同时，在现场做好急救。

急救方法：①通过呼叫判断触电者有无意识；②发现触电者有呼吸无心跳，实施体外心脏按压法；③触电者有心跳无呼吸，实施口对口或口对鼻人工呼吸法；④触电者无心跳与呼吸，体外心脏按压法与口或口人工呼吸法轮流进行。

9. 当提升机出现跳闸而又无法复位开车时，维修工应采取什么措施？

答：①首先询问卷扬司机故障发生的过程；②然后查询上位机界面以及闸控面板界面

有无故障；③尝试能否旁路相应故障，如果能旁路故障，罐笼内有人员，可完成本次提升后再处理故障；④处理故障时带好电控、闸控、传动、信号操车图纸，减少处理故障的时间。

10. 处理井筒开关故障应该注意什么？

答：①掌握罐笼在不同位置时，各井筒开关正常时的开关状态；②熟悉各井筒开关的实际位置，以及开关电线接头的位置。

11. 处理接地故障应该注意什么？

答：①通过图纸确定接地的线路，接地线路一般处在潮湿环境下（如井筒、操车地沟）；②检查接地线路的各接头和接线箱以及可能被矿石砸到部位。

12. 处理信号操车系统故障应该注意什么？

答：①信号系统故障一般为通信故障，故障常发部位为光纤接头处；②操车系统故障一般为闭锁故障，故障常发部位为安全门、摇台、阻车器到位开关和井底的拉绳开关以及操作台闭锁按钮；③处理故障时带好信号操车图纸，平时多熟悉图纸，减少故障处理时间。

13. 副井提升机有哪些过卷保护？

答：①机械开关过卷保护；②软件程序过卷保护。

14. 操作台的维护内容有哪些？

答：①各仪表指示准确，与实际相符；②各按钮和转换开关动作灵活，触点接触良好无氧化现象；③各指示灯显示正常；④数字深度指示器指示精确，无缺画，与实际位置相符；⑤操作台柜内定期除尘，接线端子定期紧固。

15. 过卷等安全保护装置动作不准或不起作用时，应采取怎样的措施？

答：必须立即进行故障排查，予以解决。

16. 副井提升机系统除停车开关和换层开关外还有哪些井筒开关？

答：过卷开关、上同步开关、上速度减速点开关、下速度减速点开关、下同步开关、平衡锤过卷开关。

17. 副井左边指示仪从上到下分别有哪些开关？

答：上过卷开关、上停车开关、上高速定点开关、上减速开关、上同步开关、下过卷开关、下停车开关、下高速定点开关、下减速开关、下同步开关、一水平停车、一水平换层、二水平停车、二水平换层、三水平停车、三水平换层、四水平停车、四水平换层、五水平停车、五水平换层、六水平停车、六水平换层。

18. 高压柜停电操作步骤？

答：①首先应检查核对是否为操作的柜体，否则不准擅自操作；②按“分闸”按钮，使断路器分闸，观察分闸指示灯是否亮；③将高压柜断路器摇到试验位置，试验位置指示灯亮；④合上接地刀闸（需检修时操作）；⑤在停电高压柜上挂上指示牌。

19. 高压柜送电操作步骤？

答：①首先应检查核对是否为操作的柜体，否则不准擅自操作；②断开接地刀闸；③用摇把将断路器摇入工作位置，工作位置指示灯亮；④按“合闸”按钮，使断路器合闸，观察合闸指示灯是否亮；⑤确认一切正常后，送电操作结束，挂运行标示牌。

20. 各种仪表的检查维护内容？

答：各种仪表和计器，要定期进行校验和整定，保证指示和动作准确可靠。校验和整定要留有记录，有效期为一年。

21. 提升机信号和通信系统检查要求？

答：信号系统应声光具备，清晰可靠，并符合闭锁要求规定。通信质量畅通清晰。

22. 源创电控系统控制电源送电顺序？

答：依次送主令柜内的工作电源→液压站电源→润滑站电源→主风机电源→UPS 电源开关。

23. 变频器送电顺序？

答：依次送变频器柜风机电源→变频器柜控制电源→变频器电源。

24. 源创电控系统有几种开车方式？

答：源创电控系统有半自动、手动、检修以及平罐开车 4 种开车方式，通过操作台模式选择开关切换。

25. 主令柜的 PLC 出现故障或有逻辑闭锁且当前无法解除，但又需要开车时，该如何进行操作？

答：①将提升数控柜（+DC）柜门上的“故障开车”转换开关转至应急开车位置（2 位置为应急正向，1 位置为应急反向）。

②在低压电源柜门上选择“本控”在此柜门上启动润滑站、主风机；在调节柜上“启动装置”即变流器等设备。

③通过“故障解除”按钮接通安全回路，再在低压电源柜上“启动液压站”。

④在各手柄处于零位的情况下，依据开车方向，向后拉主令手柄或向前推主令手柄，然后推开制动手柄，使变流器正常出力。为防止倒转，闸把推得要比平时慢。

⑤需要停车时，将主令手柄和制动手柄拉回零位，抱闸停车。

⑥完成提升任务后，将故障开车转换开关置于正常位置 0，停变流器，断开安全回路，检查并排除故障；排除故障后，将低压电源柜上选“远控”，方便正常后在操作台上启动设备。

⑦在采用应急开车方式时，系统只具备基本的开车功能，无自动判向、自动减速、自动停车等功能。

26. 电控系统的日常维护？

答：维护应在系统全面停电 5 min 后进行；原则上 1 个月维护 1 次，检修的内容：

①清除柜内（包括元器件和电路板）的灰尘，可用一般的风枪和干净的刷子。尽量保持清洁干净，因为灰尘容易导电。

②紧固连接：包括主回路的连接螺丝，接线端子上的接线螺钉，元器件上的接线螺钉以及其他未使用的螺钉，必须全部紧固。

③观察风机的运行：观察风机的运行方向是否正确，风量是否足够等。

④检查液压系统和润滑系统是否正常，每个电磁阀的动作情况，液压站和润滑站每个班切换一次，必须先停止后再切换，检查液压系统二级制动和一级制动的动作效果以及制动闸间隙（参见具体厂家的相关说明）。

⑤检查各种保护的动作情况，主令柜内的可调电阻及电路板调节电阻设定值不能随意改变，必须做好记号。

27. 当在正常位置停车时，编码器显示的位置与实际位置不一致，偏差较大时，如何操作？

答：井口清零。如果运行一段时间后深度明显误差（正常 -637 ~ 0 m），只要打开检修状态，把车开到井口正常停车位并且井口停车开关动作，检修 + 方向解除 + 选择正向 + 井口停车开关动作。

第二章 钳工考试题库

一、判断题

1. 矿井提升系统按用途分为主井提升系统和副井提升系统。(√)
2. 摩擦式提升系统只用于立井提升系统。(√)
3. 立井提升分为立井箕斗提升和立井罐笼提升。(√)
4. 立井罐笼提升系统的主要作用是为安全、生产和升降人员三方面服务的。(√)
5. 滚动罐耳运行平稳性好,阻力小,罐道磨损亦小。(√)
6. 滚动罐耳一般用橡胶或铸钢制成,罐道只能是钢轨的和钢绳的以及现推广使用的组合罐道。(×)
7. 提升钢丝绳连接装置有卡子型、插接型、滑头型和楔形连接装置。(√)
8. 钢丝绳的安全系数,等于实测的合格钢丝绳拉断力的总和与其所承受的最大静拉力之比。(√)
9. 矿用提升机按滚筒直径可分为1.6 m、1.2 m、0.8 m提升机等。(√)
10. 在使用过程中,提升钢丝绳强度下降的主要原因是磨损、锈蚀和疲劳断丝。(√)
11. Ⅱ级锈蚀的钢丝绳可作为升降人员用,但应加强检查,记录锈蚀发展情况。(×)
12. 轴承供油太多或太少都能导致温升增高。(√)
13. 提升钢丝绳的捻向,分为右捻和左捻两种。(√)
14. 有接头的钢丝绳可以用于立井提升。(×)
15. 提升钢丝绳绳芯的作用,只是吸收钢丝绳的张力。(×)
16. 钢丝绳的钢丝一般由直径0.4~4 mm的碳素钢或合金钢制成。(√)
17. 使用带衬垫的天轮,应保证衬垫的磨损量不超过一定值。(√)
18. 摩擦轮式提升机用的钢丝绳,也应像缠绕式提升机用的钢丝绳一样,按《金属非金属矿山安全规程》的规定进行试验。(×)
19. 提升矿车的罐笼不一定必须装阻车器。(×)
20. 罐门可以向外开。(×)
21. 若罐底有阻车器的连杆装置时,必须设牢固的检查门。(√)
22. 升降人员用的钢丝绳,自悬挂时起每隔1年试验1次。(×)
23. 机械完好率是反映机械设备完好程度的一个指标。(√)
24. 升降人员的提升钢丝绳在悬挂时安全系数不得低于9。(√)
25. 安全制动时实行二级制动目的是避免制动减速度过大。(√)。
26. 提升容器在安装或检修后,第一次开车前必须检查各部位间隙,不符合规定时,不得开车。(√)
27. 用闸过多、过猛是制动器闸瓦、闸轮过热或烧伤的主要原因之一。(√)

28. 二级制动的优点之一是减少停车时由惯性引起的冲击，保证停车平稳。(√)

29. 当游标卡尺两量爪贴合时，尺身和游标的零线要对齐。(√)

30. 游标卡尺尺身和游标上的刻线间距都是 1 mm。(×)

31. 游标卡尺是一种常用量具，能测量各种不同精度要求的零件。(×)

32. 塞尺也是一种界限量规。(√)

33. 台虎钳夹持工件时，可套上长管子扳紧手柄，以增加夹紧力。(×)

34. 在台虎钳上强力作业时，应尽量使作用力朝向固定钳身。(√)

35. 锯条长度是以其两端安装孔的中心距来表示的。(√)

36. 锯条反装后，由于楔角发生变化，故锯削不能正常进行。(×)

37. 起锯时，起锯角愈小愈好。(×)

38. 锯条粗细应根据工件材料性质及锯削面宽窄来选择。(√)

39. 锯条有了锯路，使工件上锯缝宽度大于锯条背部厚度。(√)

40. 固定式锯弓可安装几种不同长度规格的锯条。(×)

41. 锉刀的硬度应在 62 ~ 67HRC。(√)

42. 顺向锉法可使锉削表面得到正直的锉痕，比较整齐美观。(√)

43. 主锉纹覆盖的锉纹是主锉纹。(×)

44. 单锉纹锉刀用以锉削软材料为宜。(√)

45. 同一锉刀上主锉纹斜角与辅锉纹斜角相等。(×)

46. 锉刀编号依次由类别代号、型式代号、规格和锉纹号组成。(√)

47. 锡焊时应根据母材性质选用焊剂。(√)

48. 有机黏合剂的特点是耐高温，但强度较低。(×)

49. 使用无机黏合剂时，连接表面应尽量粗糙。(√)

50. 滚动轴承在一般情况下不加修理，而只进行清洗。(√)

51. 在工程机械使用中疲劳断裂是零件产生断裂的主要原因。(√)

52. 半圆键传动的特点是以两侧面为工作面，半圆键能在槽中摆动，适应轮毂槽的平面装配方便。(√)

53. 疲劳断口一般有比较光滑的和比较粗糙的两个明显不同的区域。(√)

二、填空题

1. 提升机的构造主要由（主轴装置）、（减速器）、（制动装置）、（操作台）、（主电动机及电控）等部分组成。

2. 设备维护与修理的任务：保证机械设备处于良好的工作状态，延长其使用寿命和避免不应发生的（事故损坏），以充分发挥其效能。

3. 检修人员在地面提升机房检修中，使用易燃清洗剂时，（严禁抽烟）。

4. 提升钢丝绳在使用过程中强度下降的主要原因是（磨损）、（锈蚀）和（疲劳断丝）等。

5. 在矿井淋水大、酸碱度高和作为出风井的井筒中，应选用（镀锌）钢丝绳。

6. 立井用绳的强度下降因素多以疲劳断丝和锈蚀为主，（磨损）则是次要因素。

7. 钢丝绳的绳芯有两种，即纤维绳芯和（金属绳芯）。

8. 钢丝变色，失去光泽，有轻微锈皮或细小的点蚀，抗拉强度损失在10%以下属于（Ⅰ级锈蚀）。

9. 钢丝表面锈皮较厚，出现点蚀麻坑，但尚未连成沟纹，抗拉强度损失10%～20%，属于（Ⅱ级锈蚀）。

10. 盘式制动器闸瓦的厚度约为（15）mm。

11. 当闸瓦厚度磨损到（5）mm时，必须进行更换。

12. 盘式制动器所产生的制动力矩的大小取决于盘形弹簧的（张力）。

13. 钢丝绳一般由6个绳股组成，钢丝的表面有（光面）和（镀锌）两种。

14. 提升机的检查工作分为日检、周检和月检，应针对各提升机的（性能）、（结构特点）、（工作条件）以及维修经验来制定检修的具体内容。

15. 矿井提升机的制动系统由（制动器）和（传动装置）两部分组成。

16. 升降人员或升降人员和物料用的钢丝绳，自悬挂时起每隔（6）个月检验一次，悬挂吊盘的钢丝绳，每隔（12）个月检验一次。

17. 提升机的常用闸和保险闸制动时，所产生的力矩与实际提升最大静荷重旋转力矩之比K值不得小于（3）。

18. 盘式制动器的工作原理是靠（油压）松闸，靠碟型弹簧的（弹力）抱闸的。

19. 检修质量标准规定轴承运行中的温度：滚动轴承不得超过（75）℃；滑动轴承不得超过（65）℃。

20. 天轮到滚筒上的钢丝绳，最大内、外偏角不得超过（1°30′）。

21. 制动时闸瓦与制动盘（轮）的接触面积不应小于（60%）。

22. 钢丝绳的钢丝出现（变黑）、（锈皮）、（点蚀麻坑）等损伤时，不得用作升降人员。

23. 钢丝绳的安全系数等于实测的（合格钢丝绳拉断力）的总和与其所承受的（最大静拉力）之比。

24. 制动缸漏油的原因是（密封圈磨损或破裂）。

25. 检修人员站在罐笼或者箕斗顶上工作时，提升容器的速度一般为（0.15～0.3）m/s，最大不超过（0.3）m/s。

26. 升降人员或升降人员和物料用的钢丝绳，自悬挂时起每隔（6）个月试验一次。

27. 罐门或罐帘的高度不得小于（1.2）m，下部边缘至罐底的不得超过（250）mm。

28. 人工验绳时，提升机运行速度一般不大于（0.3）m/s。

29. 罐耳的作用是立井提升容器的（导向装置）。

30. 摩擦式提升装置提升钢丝绳专为升降人员用的安全系数不小于9.2－0.0005H，其中*H*代表（钢丝绳悬挂长度，m）。

31. 钢丝绳的最大静拉力包括（绳端载荷）和（钢丝绳自重）。

32. 钢丝绳的损坏原因有（磨损）、（锈蚀）、（疲劳）和（超负荷运行）。

33. 天轮有游动天轮、（井上固定天轮）、凿井及井下固定天轮三种。

34. 机械零件常见的失效形式主要有（磨损）、（变形）、（断裂）、（蚀损）四种。

35. 拆卸机械零件的常用方法主要有（击卸法）、（拉卸法）、（温差法）、（破坏性拆卸法）四种。

三、选择题

1. 矿井提升系统的主要任务不包括下列哪一项。(D)

A. 提升矿石、矸石等　B. 提升器材和设备等　C. 升降人员　D. 提升机等

2. 矿井提升系统按提升容器的不同可分为三类，下列哪一项不属于此三类。(A)

A. 立井提升系统　B. 箕斗提升　C. 罐笼提升　D. 串车提升

3. 矿井井筒提升和斜井运输中的动力设备是提升电动机，按其所带滚筒的直径分，大于（　）m 的称为提升机，小于（　）m 的称为小提升机。(B)

A. 1，1　B. 2，2　C. 1，2　D. 2，1

4. 《金属非金属矿山安全规程》规定：立井提升容器与提升钢丝绳的连接，应采用（B）连接装置。

A. 凹形　B. 楔形　C. 凸形　D. 工字形

5. 下列哪一项不属于钢丝绳的绳芯所具有的作用。(A)

A. 提高硬度　B. 支持绳股　C. 缓和弯曲应力　D. 减少摩擦

6. 钢丝绳按绳中的捻向分为左捻绳和（A）

A. 右捻绳　B. 交叉捻　C. 同向捻　D. 反向捻

7. 提升钢丝绳连接装置（简称钩头）有卡子型、插接型、滑头型和（A）连接装置。

A. 楔形　B. 凹形　C. 凸形　D. 工字形

8. 钢丝绳遭受猛烈拉力一段的长度伸长（D）以上时，必须将受力段剁掉或更换全绳。

A. 0.2%　B. 0.3%　C. 0.4%　D. 0.5%

9. 矿用提升机按滚筒直径可分为 0.8 m、(B) m、1.6 m 提升机等。

A. 1.1　B. 1.2　C. 1.3　D. 1.5

10. 只有用（D）才能调节、补偿提升钢丝绳长度的不同变化，以满足司机正确操作和停罐要求，从而保证井上下同时进出车。

A. 传动装置　B. 稳定装置　C. 承接装置　D. 缓冲装置

11. 根据《金属非金属矿山安全规程》规定，井口安全门必须有（C）要求。

A. 传动　B. 缓冲　C. 闭锁　D. 承接

12. 上提式井口安全门需要加（A）作为井口安全门的罐门导绳。

A. 钢丝绳　B. 安全绳　C. 防坠器　D. 无答案

13. 在立井提升的地面井口和各个中段水平的井口，都必须装设有防止人员、矿车及其他物件坠入井底的（B）。

A. 安全绳　B. 安全门　C. 防坠器　D. 闭锁装置

14. 《矿山安全法》明确规定，(B) 必须有声光兼备的信号装置。

A. 闭锁装置　B. 提升装置　C. 缓冲装置　D. 固定装置

15. 《矿山安全法》明确规定，井底车场和井口之间、井口和提升机房之间，除有信号装置外，还必须有（D）。

A. 闭锁装置　B. 提升装置　C. 缓冲装置　D. 直通电话

16. （B）是提升作业的工作指示，是保证矿井提升系统安全运转的重要装置。

A. 闭锁装置 B. 提升信号装置 C. 缓冲装置 D. 直通电话

17. （A）按提升功能分，一般分为主井提升信号系统和副井提升信号系统。

A. 提升信号系统 B. 闭锁 C. 缓冲 D. 无答案

18. 操车系统的基本组成是由三大部分构成的，下列不属于的是（A）。

A. 过渡部分 B. 电控部分 C. 液压部分 D. 机械部分

19. 机械设备的大修、中修、小修和二级保养，属于（A）修理工作。

A. 定期性计划 B. 不定期计划 C. 维护保养

20. 预防检修制的主要特征是（C）。

A. 定期检查，定期修理 B. 定期检查，定项修理

C. 定期检查，按需修理 D. 按需检查，按需修理

21. 计划预期检修制的主要特征是（B）。

A. 定期检查，定期修理 B. 定期检查，定项修理

C. 定期检查，按需修理 D. 按需检查，按需修理

22. 金属发生疲劳破坏的原因是（B）。

A. 载荷太大 B. 受交变应力 C. 载荷突然增加 D. 材料有裂纹

23. 专为升降人员或物料用的钢丝绳，当一个捻距内断丝面积同钢丝总断面积之比达到（B）时，必须更换。

A. 15% B. 5% C. 10%

24. 使用中的钢丝绳安全系数，专为升降人员时应不小于（C）。

A. 9 B. 7.5 C. 7

25. 庆发矿业副井提升机液压站的残压规定不超过（C）。

A. 0.7 MPa B. 0.9 MPa C. 0.1 MPa

26. 利用封闭系统中的液体压力，实现能量传递和转换的传动称为（B）。

A. 液力传动 B. 液压传动 C. 能力传动

27. 液压传动是以液体为（A）。

A. 工作介质 B. 工作压力 C. 液压能

28. 《金属非金属矿山安全规程》规定：专为升降物料用钢丝绳，在一个捻距内断线断面积同钢线总断面积之比达到（B）时，必须更换。

A. 5% B. 10% C. 15%

29. 国际标准中，润滑油的牌号是以温度（C）时的运动黏度平均值命名的。

A. 20 ℃ B. 30 ℃ C. 40 ℃

30. 盘式制动闸安装时闸瓦与制动盘的间隙为（C）。

A. 0.1 ~0.5 mm B. 0.6 ~1.0 mm C. 1.0 ~1.5 mm

31. 盘式制动闸空动时间不得超过（A）。

A. 0.3 s B. 0.4 s C. 0.5 s

32. 提升机减速器损坏的形式有磨损、打牙和（B）。

A. 锈蚀 B. 齿面疲劳点蚀 C. 疲劳折断

33. 提升机滚筒主轴与减速器出轴之间大都采用（C）。

A. 蛇形弹簧联轴器 B. 弹性联轴器 C. 齿轮联轴器

34. 齿轮式联轴器齿厚的磨损量不应超过原齿厚的（A）。

A. 20% B. 30% C. 10%

35. 罐笼进出口必须装设罐门或罐帘，高度不得小于（B）。

A. 1 m B. 1.2 m C. 1.5 m

36. 使用中的钢丝绳，专为升降物料用的安全系数小于（A）必须更换。

A. 5 B. 6 C. 6.5 D. 7

37. 制动时闸瓦与制动盘（轮）的接触面积不应小于（A）%。

A. 60% B. 55% C. 50% D. 40%

38. 提升机制动时，所产生的制动力矩与实际最大静力矩之比，《金属非金属矿山安全规程》规定一般不小于（C）。

A. 2 B. 2.5 C. 3 D. 3.5

39. 检修质量标准中关于紧固件的原则要求是（A）。

A. 齐全、完整、紧固 B. 齐全、光洁、可靠
C. 完整、紧固、可靠 D. 紧固、齐全、卫生

40. 完好标准规定，主提升机采用齿轮联轴器的齿后厚磨损量不应超过原齿厚的（B）。

A. 10% B. 20% C. 15% D. 25%

41. 摩擦提升机是在（C）作用下，实现容器的提升或下放。

A. 拉力 B. 压力 C. 摩擦力 D. 重力

42. 罐道是使提升容器在井筒中安全平稳运行的（B）。

A. 固定装置 B. 导向装置 C. 保护装置 D. 支撑装置

43. 提升容器高速运行时，提升机发生保险制动，应（A）。

A. 立即停车检查钢丝绳及连接装置
B. 将容器缓慢送到终点，检查钢丝绳及连接器
C. 追究事故责任者的责任

44. 在提升机运行中，若机械部分运转声响异常，应（A）。

A. 立即停车检查 B. 立即汇报调度室 C. 加强观察，严防重大事故

45. 液压盘式制动系统靠（C）制动。

A. 液压 B. 油压 C. 弹簧 D. 滑块

46. 提升机运行中，使用的滚动轴承的最高允许工作温度为（C）。

A. 55 ℃ B. 65 ℃ C. 75 ℃

47. （B）的作用是支撑和引导从提升机房出来的提升钢丝绳到井筒内。

A. 井架 B. 天轮 C. 天轮和井架 D. 导轮

48. 提升钢丝绳、罐道绳必须（A）检查1次。

A. 每天 B. 每周 C. 每月

49. 检修人员站在罐笼或箕斗顶上工作时，提升容器的速度一般为0.15～0.3 m/s，最大不得超过（A）。

A. 0.3 m/s B. 0.5 m/s C. 1 m/s

50. 盘形制动器的闸瓦与制动盘之间的间隙应不大于（B）。

A. 1 mm　　B. 2 mm　　C. 3 mm

四、简答题

1. 机械设备改造的主要内容是什么？

答：①更新新型动力装置，以提高设备技术性能和生产效率；②装配节能装置，降低能源消耗；③改造或增加工作装置，扩大设备用途；④提高设备的可靠性和耐用性；⑤增加安全装置，提高安全程度。

2. 机械设备润滑工作的“五定”和“三过滤”是什么？

答：“五定”是指定点、定质、定量、定期、定人。“三过滤”是指入库过滤、转桶过滤、加油过滤。

3. 提升机制动系统检查标准？

答：①制动装置的操作机构和传动杆件动作灵活，各销轴润滑良好，不松旷；②制动轮或闸盘无开焊或裂纹，无严重磨损，磨损沟纹的深度不大于1.5 mm，沟纹宽度总和不超过有效闸面宽度的10%，制动轮的径向跳动不超过1.5 mm。制动盘的端面跳动不超过1 mm；③闸瓦及闸衬无缺损，无断裂，表面无油迹，闸瓦与闸轮或闸盘的接触良好，制动中不过热，无异常振动和噪声；④松闸后的闸瓦间隙：平移式不大于2 mm，且上下相等，角移式在闸瓦中心处不大于2.5 mm，盘型闸不大于1 mm。

4. 天轮及导向轮的检查要求？

答：①天轮或导向轮的轮缘和辐条不得有裂纹、开焊、松脱或严重变形；②有衬垫的天轮和导向轮，衬垫固定牢靠，槽底磨损量不得超过钢丝绳的直径。

5. 提升机所用的紧固件使用维护有何要求？

答：①螺纹连接件和锁紧件必须齐全，牢固可靠。螺栓头部和螺母不得有铲伤或棱角严重变形。螺纹无乱扣或秃扣；②螺栓拧入螺纹孔的长度不应小于螺栓的直径；③螺母扭紧后螺栓螺纹应露出螺母1~3个螺距，不得用增加垫圈的办法调整螺纹露出长度；④稳钉和稳钉孔应吻合，不松旷；⑤铆钉必须紧固，不得有明显歪斜现象；⑥键不得松旷，打入时不得加垫，露出键槽的长度应小于键全长的20%，大于键全长5%。

6. 弹性圈柱销式联轴器弹性圈外径与联轴器销孔内径差有何要求？

答：内径差不应超过3 mm。柱销螺母应有防松装置。

7. 齿轮式联轴器齿厚的磨损量有什么要求？

答：磨损量不应超过原齿厚的20%。键和螺栓不松动。

8. 主轴日常检查完好标准？

答：轴不得有表面裂纹，无严重腐蚀和损伤。

9. 滑动轴承完好标准？

答：轴瓦合金层与轴瓦应黏合牢固，无脱离现象。合金层无裂纹、无剥落，如有轻微裂纹或剥落，但面积不超过1.5 cm^2，且轴承温度正常。

10. 副井提升轻故障与重故障有何区别？

答：轻故障可旁路开车，但只能完成本次运行，下次运行前必须解除故障后才能发开车信号，进行下一次运行；重故障是安全回路动作，提升机安全制动，处理完故障后方能开车运行。

11. 在立井提升速度大于多少时，必须设防撞梁和托罐装置?

答：3 m/s。

12. 升降人员和物料的罐笼，必须符合什么要求?

答：①罐顶应有能够打开的铁门或铁盖，罐内两侧应装设扶手；②罐底必须铺满钢板，并不得有孔。如果罐底下面有阻车器的连杆装置时，必须设牢固的检查门；③罐笼两侧用钢板挡严，靠近管道的部分不得有孔；④罐笼进出口两头必须装设罐门或罐帘，高度不得小于1.2 m，罐门或罐帘下部边缘至罐底的距离不得超过250 mm，罐帘横杆的间距，不得大于200 mm，罐门不得向外开；⑤提升矿车的罐笼内，必须装有阻车器；⑥单层罐笼或多层罐笼的最上层，净高不得小于1.9 m，其他各层净高不得小于1.8 m。

第三章　提升机司机考试题库

一、判断题

1. 提升机房发生电气火灾时，应尽快用水、黄砂、干粉灭火器等将火扑灭。(×)
2. 在使用过程中，提升钢丝绳强度下降的主要原因是磨损、锈蚀和疲劳断丝。(√)
3. 轴承供油太多或太少都能导致温升增高。(√)
4. 深度指示器失效保护属于后备保护。(×)
5. 盘式制动器所产生制动力的大小与油压的大小成正比关系。(×)
6. 制动器所产生制动力矩应不小于静力矩的3倍。(√)
7. 提升速度图是表示提升设备在一个周期内的速度变化规律的图。(√)
8. 提升钢丝绳的捻向，分为右捻和左捻两种。(√)
9. 二级制动的优点之一是减少停车时由惯性引起的冲击，保证停车平稳。(√)
10. 有接头的钢丝绳可以用于立井提升。(×)
11. 提升钢丝绳绳芯的作用，只是吸收钢丝绳的张力。(×)
12. 钢丝绳的钢丝一般由直径0.4～4 mm的碳素钢或合金钢制成。(√)
13. 提升机运行中，司机不得与他人交谈。(√)
14. 提升机安全制动闸必须采用配重式或弹簧式的制动装置。(√)
15. 摩擦轮式提升机用的钢丝绳，也应像缠绕式提升机用的钢丝绳一样，按《金属非金属矿山安全规程》的规定进行试验。(×)
16. 专为升降人员和物料的罐笼，每层内1次能容纳的人数应明确规定，并在井口公布。(√)
17. 升降人员用的钢丝绳，自悬挂时起每隔1年试验1次。(×)
18. 升降人员的提升钢丝绳在悬挂时安全系数不得低于9。(√)。
19. 安全制动时实行二级制动目的是避免制动减速度过大。(√)。
20. 在特殊情况下，主提升机操作工可以离开工作岗位，调整制动器。(×)
21. 提升机操作工接到信号因故未能执行时，应通知井口信号工，申请原信号作废，重发信号，再进行操作。(√)
22. 多绳摩擦式提升机，按布置方式分为塔式和落地式两种。(√)
23. 停车后，必须把主令控制器手把放在断电位置，将制动器闸紧。(√)
24. 提升机操作工应坚守岗位，不得擅离职守，对乘罐人员和设备的安全负责，确保矿井提升安全运行。(√)
25. 同一层罐笼内人员和物料可以混合提升。(×)
26. 提升机操作工因精力不集中或误操作造成过卷、断绳等重大事故，应负直接责任。(√)

27. 当班提升机操作工正在操作、提升机正在运行时，不得交与接班提升机操作工操作。(√)

28. 当提升机操作工所收信号不清或有疑问时，应立即用电话与井口信号工联系，重发信号，再进行操作。(√)

29. 罐笼每层内一次能容纳的人数无须规定。(×)

30. 提升机操作工不得随意变更继电器或安全保护装置的整定值。(√)

31. 用闸过多、过猛是制动器闸瓦、闸轮过热或烧伤的主要原因之一。(√)

32. 二级制动的优点之一是减少停车时由惯性引起的冲击，保证停车平稳。(√)

33. 矿井提升系统按用途分为主井提升系统和副井提升系统。(√)

34. 摩擦式提升系统只用于立井提升系统。(√)

35. 立井提升分为立井箕斗提升和立井罐笼提升。(√)

36. 立井罐笼提升系统的主要作用是为安全、生产和升降人员三方面服务的。(√)

37. 提升机司机的作用是接收信号工发来的开车信号后，操纵提升机升降容器，从而达到提升运输的目的。(√)

38. 工作操作台是各类提升机的控制中心，是提升机司机用以操纵提升机设备运行的工作台。(√)

39. 矿用提升机按滚筒直径可分为1.6 m、1.2 m、0.8 m提升机等。(√)

40. 《矿山安全法》明确规定，提升装置必须有声光兼备的信号装置，井底车场和井口之间、井口和提升机房之间，除有信号装置外，还必须有直通电话。(√)

41. 提升信号装置是提升作业的工作指示，是保证矿井提升系统安全运转的重要装置。(√)

42. 工作信号是保证在出现事故或紧急状态时发出信号，可以使提升机立即断电并实现安全制动。(×)

43. 事故信号是正常的提升作业信号，应能区分出各种作业方式的开车信号及停车信号。(×)

44. 矿井信号装置包括生产信号、运输信号、调度信号及井下环境监测信号四种类型。(√)

45. 专门用来接通或切断信号电路的装置称为信号发送装置。根据动作方式不同，信号发送装置可分为信号按钮和信号开关两种。(√)

46. 信号接收装置是将所接收的电信号转换成人们能够感觉到的声、光、指示形式信号的装置。如电铃、电笛、信号灯、指针指示器等。(√)

47. 提升机在运行前先进行检查或开空车试转，注意润滑状况是否良好。添加润滑油时，不得使用脏的、不合规格的润滑油，并经常注意温升是否正常。提升机出现故障疑象时，可以勉强继续工作，且应通知领导并协助检修师傅消除故障。(×)

48. 提升机允许短时间内超过额定负荷进行工作。(×)

二、填空题

1. 按照提升机种类分，提升系统分为（缠绕式）、（摩擦式）。

2. 盘型闸的工作原理是靠（弹簧）制动，（液压）松闸。

3. 提升机的构造主要由（主轴装置）、（减速器）、（制动装置）、（操作台）、（主电动机及电控）等部分组成。

4. 天轮有游动天轮、（井上固定天轮）、凿井及井下固定天轮三种。

5. 检修人员在地面提升机房检修中，使用易燃清洗剂时，（严禁抽烟）。

6. 提升机房应配备（砂箱）、（砂袋），以及防火锹、镐、钩、桶等。

7. 砂箱砂量不得少于（0.2）m^3。

8. 提升钢丝绳在使用过程中强度下降的主要原因是（磨损）、（锈蚀）和（疲劳断丝）等。

9. 在矿井淋水大、酸碱度高和作为出风井的井筒中，应选用（镀锌）钢丝绳。

10. 立井用钢丝绳的强度下降因素多以疲劳断丝和锈蚀为主，（磨损）则是次要因素。

11. 钢丝绳的绳芯有两种，即纤维绳芯和（金属绳芯）。

12. 钢丝变色，失去光泽，有轻微锈皮或细小的点蚀，抗拉强度损失在10%以下属于（Ⅰ级锈蚀）。

13. 钢丝表面锈皮较厚，出现点蚀麻坑，但尚未连成沟纹，抗拉强度损失10%～20%，属于（Ⅱ级锈蚀）。

14. 盘式制动器所产生的制动力矩的大小取决于盘形弹簧的（张力）。

15. 钢丝绳一般由6个绳股组成，钢丝的表面有（光面）和（镀锌）两种。

16. 当提升速度超过最大速度（15%）时，防过速装置动作。

17. 提升机操作工在运行中除注意滚筒、减速器是否发出异常声响外，还应随时注意主要（仪表）的读数是否正常。

18. 提升电动机超过额定（负载力矩），就是过负荷运行。

19. 当提升机房发生火灾时，最先发现的人员应在安全条件下，设法先弄清（发火地点）和（火情）。

20. 当提升机房发生火灾，如火势不大要立即切断电源，可选用二氧化碳灭火器、（干粉灭火器）、（砂子）、（岩粉）等直接进行灭火。

21. （监护）制度是指一名司机操作，另一名司机在一旁监护，以确保对提升机的准确操作，保证提升机安全运行。

22. 提升机的检查工作分为日检、周检和月检，应针对各提升机的（性能）、（结构特点）、（工作条件）以及维修经验来制定检修的具体内容。

23. 多绳摩擦式提升机按布置方式分为（塔）式和（落地）式两种

24. 矿井提升机的制动系统由（制动器）和（传动装置）两部分组成。

25. （多绳摩擦）式提升主要用于中等深和较深的矿井中。

26. 升降人员或升降人员和物料用的钢丝绳，自悬挂时起每隔（6）个月检验1次；悬挂吊盘的钢丝绳，每隔（12）个月检验1次。

27. 提升机的常用闸和保险闸制动时，所产生的力矩与实际提升最大静荷重旋转力矩之比 K 值不得小于（3）。

28. 盘式制动器的工作原理是靠（油压）松闸，靠碟型弹簧的（弹力）抱闸的。

29. 检修质量标准规定轴承运行中的温度：滚动轴承不得超过（75 ℃）；滑动轴承不得超过（65 ℃）。

30. 天轮到滚筒上的钢丝绳，最大内、外偏角不得超过（1°30′）。

31. 制动时闸瓦与制动盘（轮）的接触面积不应小于（60%）。

32. 钢丝绳的钢丝出现（变黑）、（锈皮）、（点蚀麻坑）等损伤时，不得用作升降人员。

33. 一套完整的提升信号系统应当包括（工作信号）、（事故信号）、（检修信号）、各种安全保护信号以及（通信系统）。

34. 钢丝绳的安全系数等于实测的（合格钢丝绳拉断力）的总和与其所承受的（最大静拉力）之比。

35. 检修人员站在罐笼或者箕斗顶上工作时，提升容器的速度一般为（0.15～0.3）m/s，最大不超过（0.3）m/s。

36. 提升系统按拖动类型分为（直流）提升系统和（交流）提升系统。

37. 人工验绳时，提升机运行速度一般不大于（0.3）m/s。

38. 摩擦式提升装置提升钢丝绳专为升降人员用的安全系数不小于 9.2－0.0005H，其中 H 代表（钢丝绳悬挂长度，m）。

39. 罐笼运送硝化甘油类炸药或电雷管时，升降速度不得超过（2 m/s），运送其他类爆炸材料时，不得超过（2 m/s）。

40. 钢丝绳的最大静拉力包括（绳端载荷）和（钢丝绳自重）。

41. 钢丝绳的损坏原因有（磨损）、（锈蚀）、（疲劳）和（超负荷运行）。

三、选择题

1. 矿井提升系统的主要任务不包括下列哪一项。(D)

A. 提升矿石、矸石等　　B. 提升器材和设备等

C. 升降人员　　D. 提升机等

2. 矿井提升系统按提升容器的不同可分为三类，下列哪一项不属于。(A)

A. 立井提升系统　B. 箕斗提升　C. 罐笼提升　D. 串车提升

3. 矿井井筒提升和斜井运输中的动力设备是提升电动机，按其所带滚筒的直径分，大于（　）m 的称为提升机，小于（　）m 的称为小提升机。(B)

A. 1，1　B. 2，2　C. 1，2　D. 2，1

4. 工作操纵台是各类提升机的控制中心，是（A）用以操纵提升机设备运行的工作台。

A. 提升机司机　B. 提升机司机　C. 信号工　D. 拥罐工

5. 矿用提升机按滚筒直径可分为 0.8 m、(B) m、1.6 m 提升机等。

A. 1.1　B. 1.2　C. 1.3　D. 1.5

6. 《矿山安全法》明确规定，(B) 必须有声光兼备的信号装置。

A. 闭锁装置　B. 提升装置　C. 缓冲装置　D. 固定装置

7. 《矿山安全法》明确规定，井底车场和井口之间、井口和提升机房之间，除有信号装置外，还必须有（D）。

A. 闭锁装置　B. 提升装置　C. 缓冲装置　D. 直通电话

8. （B）是提升作业的工作指示，是保证矿井提升系统安全运转的重要装置。

A. 闭锁装置 B. 提升信号装置 C. 缓冲装置 D. 直通电话

9. （A）按提升功能分，一般分为主井提升信号系统和副井提升信号系统。

A. 提升信号系统 B. 闭锁 C. 缓冲 D. 无答案

10. （A）是正常的提升作业信号，应能区分出各种作业方式的开车信号及停车信号。

A. 工作信号 B. 事故信号 C. 检修信号 D. 安全保护信号

11. （B）是在出现事故或紧急状态时发出的信号，可以使提升机立即断电并实现安全制动。

A. 工作信号 B. 事故信号 C. 检修信号 D. 安全保护信号

12. （C）是在进行检修井筒等特殊作业时而使用的信号，以保证这些特殊作业能够顺利进行。

A. 工作信号 B. 事故信号 C. 检修信号 D. 安全保护信号

13. （C）系统是提升系统内信号工与提升机司机之间，井口信号工与井底信号工之间进行直接联络的工具，以便在具体工作中能够及时地进行询问或核实问题。

A. 工作信号 B. 事故信号 C. 通信信号 D. 安全保护信号

14. 《金属非金属矿山安全规程》规定，在井筒运送爆破材料时，必须事先通知（D）按相应的升降速度提升运输。

A. 信号工 B. 拥罐工 C. 采矿机司机 D. 提升机司机

15. 当提升机连续停运（A）小时及以上时，必须按有关规定对所属信号通信系统进行全面检查试运，确认一切正常后方准发送提升信号。

A. 6 B. 7 C. 8 D. 9

16. 卷扬机开车信号应为（C）信号。

A. 声音 B. 灯光 C. 声光

17. 提升机房应配备的砂量不得少于（A）。

A. 0.2 m^3 B. 0.5 m^3 C. 0.6 m^3

18. 使用中的钢丝绳安全系数，专为升降人员时应不小于（C）。

A. 9 B. 7.5 C. 7

19. 提升机液压站的残压规定不超过（C）。

A. 0.7 MPa B. 0.9 MPa C. 0.5 MPa

20. 盘形制动器的闸瓦与制动盘之间的间隙应不大于（B）。

A. 1 mm B. 2 mm C. 3 mm

21. 当提升系统的惯性力高于系统的静阻力时，投入电气制动或机械制动的减速方式为（A）。

A. 负力减速 B. 正力减速 C. 自由滑行

22. 利用封闭系统中的液体压力，实现能量传递和转换的传动称为（B）。

A. 液力传动 B. 液压传动 C. 能力传动

23. 液压传动是以液体为（A）。

A. 工作介质 B. 工作压力 C. 液压能

24. 《金属非金属矿山安全规程》规定：专为升降物料用钢丝绳，在一个捻距内断线断面积同钢线总断面积之比达到（B）时，必须更换。

A. 5%　B. 10%　C. 15%

25. 国际标准中，润滑油的牌号是以温度（C）时的运动黏度平均值命名的。

A. 20 ℃　B. 30 ℃　C. 40 ℃

26. 盘式制动闸安装时闸瓦与制动盘的间隙为（C）。

A. 0.1 ~0.5 mm　B. 0.6 ~1.0 mm　C. 1.0 ~1.5 mm

27. 盘式制动闸空动时间不得超过（A）。

A. 0.3 s　B. 0.4 s　C. 0.5 s

28. 提升机减速器损坏的形式有磨损、打牙和（B）。

A. 锈蚀　B. 齿面疲劳点蚀　C. 疲劳折断

29. 提升机滚筒主轴与减速器出轴之间大都采用（C）。

A. 蛇形弹簧联轴器　B. 弹性联轴器　C. 齿轮联轴器

30. 齿轮式联轴器齿厚的磨损量不应超过原齿厚的（A）。

A. 20%　B. 30%　C. 10%

31. 罐笼进出口必须装设罐门或罐帘，高度不得小于（B）。

A. 1 m　B. 1.2 m　C. 1.5 m

32. 使用中的钢丝绳，专为升降物料用的安全系数小于（A）必须更换。

A. 5　B. 6　C. 6.5　D. 7

33. 制动时闸瓦与制动盘（轮）的接触面积不应小于（A）。

A. 60%　B. 55%　C. 50%　D. 40%

34. 提升机制动时，所产生的制动力矩与实际最大静力矩之比，《金属非金属矿山安全规程》规定一般不小于（C）。

A. 2　B. 2.5　C. 3　D. 3.5

35. 当提升速度超过最大速度（B）时，必须能自动断电，并能进行安全制动。

A. 10%　B. 15%　C. 20%　D. 25%

36. 摩擦提升机是在（C）作用下，实现容器的提升或下放。

A. 拉力　B. 压力　C. 摩擦力　D. 重力

37. 立井用罐笼升降人员的加速度和减速度，都不得超过（C）。

A. 1 m/s^2　B. 1.5 m/s^2　C. 0.75 m/s^2　D. 0.5 m/s^2

38. 我矿提升机高压电源电压的允许波动范围为（A）。

A. ±7%　B. ±10%　C. ±15%

39. 主要提升装置必须配有（B）。

A. 专职提升机操作工 1 人　B. 正副提升机操作工 2 人

C. 正提升机操作工 1 人

40. 数控提升机速度传感器一般采用（B）。

A. 测速发电机　B. 编码器　C. 自整角机

41. 提升容器高速运行时，提升机发生保险制动，应（A）。

A. 立即停车检查钢丝绳及连接装置

B. 将容器缓慢送到终点，检查钢丝绳及连接器

C. 追究事故责任者的责任

42. 在提升机运行中，若机械部分运转声响异常，应（A）。
A. 立即停车检查 B. 立即汇报调度室 C. 加强观察，严防重大事故
43. 液压盘式制动系统靠（C）制动。
A. 液压 B. 油压 C. 弹簧 D. 滑块
44. 提升机的过卷保护装置应设在正常停车位置以上（B）处。
A. 0.2 m B. 0.5 m C. 1.0 m
45. 深度指示器的主要作用是（A）容器在井筒中的行程及位置。
A. 检测指示 B. 检测 C. 指示 D. 提供
46. 提升机运行中，监护人必须由（A）担任。
A. 正式提升机操作工 B. 实习提升机操作工
C. 值班电工
47. 提升机操作工收到的信号与事先口头联系的信号不一致时，应（A）。
A. 与信号工联系 B. 按声光信号执行操作
C. 向调度室汇报
48. 提升机房工作人员应熟悉灭火器的（B）。
A. 有效期 B. 使用方法 C. 构造原理
49. 提升机房发生电气火灾时，应首先（A）。
A. 切断电源 B. 用灭火器灭火 C. 用水灭火
50. 提升机运行中，使用的滚动轴承的最高允许工作温度为（C）。
A. 55 ℃ B. 65 ℃ C. 75 ℃
51. 罐笼运送硝化甘油类炸药或电雷管时，升降速度不得超过（B）。
A. 1 m/s B. 2 m/s C. 3 m/s
52. 提升机运行中，提升机操作工发现制动器间隙不符合要求时，应（B）。
A. 自己马上进行调整
B. 立即通知维护人员进行调整
C. 继续运行，待检修时再进行调整
53. 提升机操作工应轮流操作，每人连续操作时间一般不超过（A）。
A. 1 h B. 2 h C. 3 h
54. 制动器闸瓦及闸轮或闸盘如有油污，应（C）。
A. 停车检查油污来源B. 更换闸瓦 C. 擦拭干净
55. （B）的作用是支撑和引导从提升机房出来的提升钢丝绳到井筒内。
A. 井架 B. 天轮 C. 天轮和井架 D. 导轮
56. 在交接班升降人员的时间内，必须（A）。
A. 正提升机操作工操作，副提升机操作工监护
B. 副提升机操作工操作，正提升机操作工监护
C. 正、副提升机操作工任一人操作，不用监护
57. 提升钢丝绳、罐道绳必须（A）检查1次。
A. 每天 B. 每周 C. 每月
58. 检修人员站在罐笼或箕斗顶上工作时，提升容器的速度一般为0.15～0.3 m/s，

最大不得超过（A）。

A. 0.3 m/s　　B. 0.5 m/s　　C. 1 m/s

四、简答题

1. 提升机进行哪些检修后，必须经过空负荷提升试验，才能正式运转？

答：①更换罐耳，必须经过2次以上的试验；②更换和检修罐道及罐道梁，必须经过3次以上的试验；③提升机周检以后，必须经过1次以上的试验。

2.《金属非金属矿山安全规程》规定提升装置必须设置哪些保险装置？

答：①防止过卷装置；②防止过速装置；③过负荷和欠电压保护装置；④限速装置；⑤深度指示器失效保护装置；⑥闸间隙保护装置；⑦松绳保护装置；⑧满仓保护装置；⑨减速功能保护装置。

3. 在运转中发现哪些情况，应立即断电，用制动闸进行制动？

答：①电流过大，加速过慢，启动不起来；②压力不足；③运转声音不正常；④出现不明信号；⑤速度超过规定值，而过速和限速保护未起作用。

4. 提升机运转前的检查内容有哪些？

答：①检查各结合部位螺栓是否松动，销轴有无松旷；②检查各润滑部分润滑油油质是否合格，油量是否充足，有无漏油现象；③检查制动系统常用闸和保险闸是否灵活可靠，间隙行程及磨损是否符合要求；④检查各种安全保护装置动作是否准确可靠；⑤检查各种仪表和灯光声响信号是否清晰可靠；⑥检查主电动机的温度是否符合规定。

5. 矿井提升系统由哪几个部分组成？

答：由矿井提升机、电动机、电气控制系统、安全保护装置、提升信号系统、提升容器、提升钢丝绳、井架、天轮、井筒装备及装卸载设备等组成。

6. 连接装置的作用是什么？对其有哪些要求？

答：作用：用以连接提升钢丝绳与罐笼，钢丝绳与平衡锤。

要求有足够的强度，其安全系数不小于13，采用楔形连接装置，单绳使用不超10年。

7. 提升钢丝绳的定期检验，应遵守哪些规定？

答：①升降人员和物料自悬挂起每6个月检验1次；②升降物料用自悬挂起每12个月检验1次，以后每6个月检验1次。

8. 深度指示器的作用有哪些？深度指示主要有哪几种类型？

答：深度指示器用来显示提升容器提升位置。有牌坊式深度指示器、圆盘深度指示器、电子式深度指示器。

9. 残压过大有何危害？

答：残压过大会导致提升机制动系统失灵，不能准确制动造成事故。

10. 制动装置的有关规定和要求有哪些？

答：①对于立井和30°以上的斜井在工作制动和安全制动时所产生的最大力矩，都不得小于提升或下放最大静负荷力矩的3倍。②双滚筒提升机在相对旋转时，在单个滚上的制动力矩不小于滚筒所悬容器和钢丝绳重量造成力矩的1.2倍。③在立井和倾角30°以上的斜井，提升机进行安全制动时下放重载时减速度不小于1.5 m/s^2，提升重载时，减速度不超过 5 m/s^2。④制动闸的空动时间：盘形制动装置不超过 0.3 s；径向制动装置不超过 0.5 s。

11. 在执行哪些提升任务时，应执行监护制？

答：①在升降人员时；②运送炸药、雷管等危险品时；③吊运大型特殊设备和器材时；④检修井筒及提升设备、提升容器顶上有人工作时；⑤实习司机开车时，正式司机必须在旁监护。

12. 提升机司机应按哪些要求执行提升信号？

答：①司机不得无信号动车；②当司机所收信号不清或有疑问时，应立即用电话与井口信号工联系，重发信号，再进行操作；③司机接到信号因故未能执行时，应通知井口信号工，申请原信号作废，重发信号，再进行操作；④罐笼在井口停车位置，司机不得擅自动车，因需要动车时，应与信号工联系，按信号执行；⑤罐笼在井筒内，若因检修需要动车时，应先通知信号工，经同意可作多次不到井口的升降运行，完毕后再通知信号工。

13. 提升机在启动和运行过程中，司机应随时注意哪些情况？

答：①电流、电压、油压、风压等各指示仪表的读数应符合规定；②深度指示器指针位置和移动速度应正确；③注意各运转部位的声响应正常；④注意听信号并观察信号盘的信号变化；⑤各种保护装置的声音显示应正常；⑥单钩提升下放时注意钢丝绳跳动有无异常，上提时电流表有无异常摆动。

14. 正常运行时油压突然下降的原因是什么？

答：①电液调压装置的控制杆和喷嘴的接触面磨损；②动线圈的引线接触不好或自整角机无输出；③溢流阀的密封不好，漏油；④管路漏油。

15. 提升机电气设备火灾的防范措施有哪些？

答：①保持电气设备完好；②机房通风良好，避免设备温升过高；③保持电气设备清洁，电缆吊挂整齐；④机房内不得存放易燃、易爆物品；⑤按规定配备消防器材，并加强管理。

16. 过卷开关为什么每天都要检查？当过卷开关失效时，该怎么办？

答：如果过卷开关动作不灵活，或长时间不动作，其机构和触点可能被卡住或生锈而不能开断，那么在停车阶段，司机稍有疏忽就会发生过卷事故，所以每天都应检查试验 1 次。如果在运行中发生过卷而过卷开关没有动作时，应迅速实施安全制动，使提升机实现紧急制动停车，防止事故扩大。

17. 矿井提升系统的任务是什么？

答：①提升工作面采出的矿石、矸石；②下放井下生产所需材料、设备；③升降运送工作人员。

18. 提升钢丝绳的定期检验，应遵守哪些规定？

答：①升降人员和物料用自悬挂起每 6 个月检验 1 次；②升降物料用自悬挂起每 12 个月检验 1 次，以后每 6 个月检验 1 次。

19. 矿井提升机制动系统有哪些类型？其作用是什么？

答：类型：油压盘形制动系统、油压和气压块闸制动系统。

作用：对提升机进行工作制动、安全制动及正常停开车工作。

20. 盘式制动器松闸缓慢的原因何在？

答：①液压系统有空气；②闸间隙大；③密封圈损坏。

21. 简述电液调压装置的调压原理。

答：制动手柄角位移使自整角机电压变化，动线圈电流变化，位移带动导杆变化使溢流阀 G 腔压力变化，D 腔压力变化，溢流阀芯位移高压油管（K 管）压力变化使系统压力变化，盘形闸油压变化工作。

22. 二级制动的第一级制动应如何确定？

答：固定滚筒上的制动器，制动时产生的制动力矩为总制动力矩一半，称为一级制动。

23. 什么是液压站的二级制动？

答：所谓二级制动，是指矿井提升机在紧急制动时，首先施加第一级动力矩，使提升重物时安全制动减速度不超过 5 m/s^2，下放重物时减速度不小于 1.5 m/s^2；待提升速度降低到零时，再施加第二级制动力矩，即最大制动力矩，最大制动力矩按大于三倍静力矩来决定，以保证提升终了时能安全可靠地将提升机闸住。

24. 全速过卷的概念是什么？

答：提升机在减速段没有减速，以等速段的最大速度碰撞过卷开关后才投入紧急制动的事故。

25. 安全回路的作用是什么？安全回路的保护原理是什么？

答：安全回路是由安全制动接触器以及各种保护装置的触点串联起来形成的一个操纵回路，它同各保护装置相配合，在提升系统发生意外时能自动将提升电源切断并使提升机实行安全制动。保护原理：在提升系统任一安全保护装置发生作用时，都将打开串联在安全回路的触点，使安全制动接触器 AC 断电，换向接触器断开而使主电机断电，提升机进行安全制动。

26. 提升机电气控制系统由哪几部分组成？

答：①提升机的启动与加速控制；②提升机的减速控制；③提升机的爬行与停车控制。

27. 提升信号的基本要求和规定是什么？

答：（1）信号装置的额定供电电压不应超过 127 V，并须设置独立的信号电源变压器及指示信号。

（2）工作信号必须声、光具备，警告信号应为音响信号，一般指示信号可为灯光信号。

（3）应设置井筒检修信号及检修指示灯，在检修井筒的整个时间内，检修指示灯应保持显示，沿井壁应敷设供检修人员使用的开车、停车信号装置，或采用井筒电话与提升机直接联系。

（4）提升信号系统与提升机控制系统之间应有闭锁，不发开车信号，提升机不能启动或无法加速。

（5）每一提升装置，必须装有从井底信号工发给井口信号工和从井口信号工发给提升机司机的信号装置。除常用的信号装置外，还必须有备用信号装置。井底车场与井口之间，井口和提升机司机台之间，除有上述信号装置外，还必须装设直通电话或传话筒。一套提升装置供给几个水平使用时，各水平都必须设有信号装置和闭锁，并且所发出的信号必须有区别。

（6）井口、井底及各水平，必须设置紧急事故信号。

（7）井底车场的信号必须经由井口把钩工转发，不得越过井口把钩工由井底车场直接向提升机司机发信号，但有下列情形之一时，不受此限：①发送紧急停车信号；②用箕斗提升；

（8）用多层罐笼升降人员或物料时，井上、下层出车平台都必须设有信号工。各信号工发送信号时，必须遵守下列规定：①井底总信号工收齐井底各层信号工的信号后，方可向井口总信号工发出信号；②井口总信号工收齐井底各层信号工信号并接到井底总信号工信号后，才可向提升机司机发信号；③信号系统必须设有保证按上述顺序发出信号的闭锁装置。

28. 立井罐笼提升信号的特殊要求是什么？

答：①开车信号应设有灯光保留信号。为了增强提升的安全性，立井罐笼混合提升时，应设置表示提人、提物、上下设备和材料，以及检修的灯光保留信号，并且各信号间应有闭锁。②井口安全门闭锁装置。使用罐笼提升的立井，井口安全门必须在提升信号系统内设置闭锁装置，安全门未关闭，发不出开车信号。③摇台闭锁装置。井口、井底和中间运输巷设置摇台时，必须在提升信号系统内设置闭锁装置，摇台未抬起，发不出开车信号。④井口和井底使用罐座时，应设置罐座信号。

29. 主提升机司机应做到的“三不开”“三知”“四会”“五严”的内容是什么？

答：“三不开”：信号不明不开、没看清上下信号不开、启动状态不正常不开。

“三知”：知设备结构、知设备性能、知安全设施的作用原理。

“四会”：会操作、会维修、会保养、会处理一般事故。

“五严”：严格执行交接班制度、严格执行操作规程、严格执行要害场所管理制度、严格进行巡回检查、严格进行岗位练兵。

30. 在执行监护制时监护司机有哪些职责？

答：①监护操作司机按提升人员和下放重物的规定速度操作；②及时提醒司机减速、制动和停车；③监护观察操作司机的精神状态，出现应紧急停车而操作司机未操作时，监护司机应及时采取措施，对提升机进行安全制动。

31. 运行中出现哪些现象时，应进行紧急制动？

答：①接到紧急停车信号；②接近正常停车位置，不能正常减速；③钢丝绳出现脱槽现象；④设备有特殊异响；⑤出现其他必须紧急停车的故障。

32. 提升机司机应遵守的“操作纪律”的内容有哪些？

答：①司机操作时，手不准离开手把，严禁与他人闲谈，开车后不得再打电话；②在操作期间禁止吸烟，并不得离开操作台及做其他与操作无关的事，操作台不得放与操作无关的异物；③司机接班后严禁睡觉、打闹；④司机应轮换操作，每人连续操作时间一般不超过1h，在操作运行中，禁止换人；因身体骤感不适，不能坚持操作时，可中途停车，并与井口信号工联系，由另一司机代替；⑤对监护司机的示警性喊话，禁止对答。

33. 停车期间，司机离开操作位置时必须做什么？

答：①将安全闸手把移至施闸位置；②主令控制器手把置于中间“0”位；③切断控制回路电源。

34. 事故停车后的注意事项有哪些?

答: ①运行中发生事故，在故障原因未查清和消除前，禁止动车。原因查清后，故障未能全部处理完毕，但已能暂时恢复运行，经主管领导批准可以恢复运行，将提升容器升降至终点位置，完成本钩提升行程后，再停车继续处理。②钢丝绳遭受卡罐紧急停车等猛烈拉力时，必须立即停车，待对钢丝绳进行检查无误后，方可恢复运行。③因电源停电停车时，应立即断开总开关，将主令控制器手把置于中间“0”位，工作闸手柄置于紧闸位置。④过卷停车时，如发生故障，经与井口信号工联系，维修电工将过卷开关复位后，可反方向开车将提升容器放回停车位置，恢复提升，但应及时向领导汇报，并填入运行日志。⑤在设备检修及处理事故期间，司机应坚守岗位，不得擅自离开提升机房；斜井提升机司机须外离处理事故时，至少应留一人坚守操作岗位。检修需要动车时，须专人指挥。

35. 提升机司机自检自修的具体内容有哪些?

答: ①各部螺栓或销轴如有松动或损坏时，应及时拧紧或更换；②各润滑部位、传动装置和轴承必须保持良好的润滑，禁止使用不合格的油；③制动闸瓦磨损达规定值时，应及时更换，制动闸瓦和闸轮或闸盘如有油污，应擦拭干净；④制动闸的工作行程如超过全行程的3/4时，应进行调整；⑤深度指示器如果指示不准时，应及时与信号工联系，重新进行调整；⑥弹性联轴器的销子和胶圈磨损超限时，应及时进行更换；⑦过卷、松绳和闸瓦磨损等安全保护装置如果动作不准确或不起作用时，必须立即进行调整或处理；⑧灯光声响信号失灵或不起作用时，如果是灯泡损坏或位置不准确时，应由司机负责更换或调整；如果是电气故障，则应联系处理。

36. 减速声音不正常，振动过大的原因是什么?

答: ①齿轮间隙超限或点蚀剥落严重，润滑油不符合要求；②轴向窜量过大；③各轴水平度及平行度偏差太大；④轴瓦间隙过大；⑤键松动；⑥地脚螺栓松动。

37. 制动手把和操纵手把位置正确，合上油断路器，AC不吸合的原因是什么?

答: 安全回路新串入保护触点，有动作应逐个检查消除。

38. 我公司副井配两名司机，一人操作一人监护，其要求是什么?

答: ①司机操作时，手不准离开把手，严禁与他人闲谈，开车时不得接电话；②在工作期间不得离开操作台，不得做其他与操作无关的事，操作台上不得放与操作无关的异物；③司机应轮换操作，换人时必须停车；④对监护司机的警示性喊话，禁止对答；⑤监护司机应监护操作的司机按提升人员和下放重物的规定速度操作；⑥监护司机应及时提醒操作司机进行减速，制动和停车；⑦遇到紧急停车而操作司机未操作时，监护司机操作急停按钮紧急停车。

39. 提升机司机对待提升信号有何规定?

答: 我公司规定: ①司机不得无信号开车；②当司机所收信号不清或有疑问时，应立即用电话与井口信号工联系，重发信号，再进行操作；③司机接到信号因故未能执行时，应通知井口信号工，申请原信号作废，重新发送信号，再进行操作；④罐笼在井口停车位置，若因故需要动车时，应与信号工联系，按信号执行；⑤罐笼在井筒内，若因检修需要动车时，应事先通知信号工，经信号工同意后，可做多次不到井口的升降运行，完毕后，再通知信号工。

40. 提升机司机动车前应该做好哪些准备工作?

答：①确认操作台上的主令手柄和制动手柄在零位，若不在零位，则应拉至零位，“手柄零位”灯亮。各个转换开关拨至正常工作位；②同时观察操作台上的数字深度显示和钢丝绳位置（即罐笼位置）两者应完全一致，否则应查明原因，请技术人员调整处理；③“硬件安全”灯和“软件安全”灯都必须亮。若不亮，按下“故障解除”，若还不亮则查找相应的故障原因；④开启液压站和润滑站。注意只有在安全回路通的条件下液压站才能启动，否则液压站不能运行。启动后液压站和润滑站指示灯亮。到此准备工作已经完成，通知信号工，等待信号，准备开车。

41. 庆发提升机操作台上深度指示仪显示仪表、高压电压表、速度表、液压表在正常提升时的指示范围？

答：操作台显示仪表指示范围：①数字深度指示表：−637～0 m；②高压电压表指示都在（1±7%）×10 kV 范围内；③速度表指示：0～7.97 m/s；④油压表指示：（10±0.5）MPa。

42. 提升机动车与停车时主令手柄该如何操作？

答：动车：当收到信号工发出的信号之后，司机按信号方向拉动主令手柄。停车：当罐笼运行到停车开关位置，提升机会自动停车，此时将主令手柄拉回零位即可。

43. 运送特殊物品时对提升机速度有哪些要求？

答：①使用罐笼运送炸药或雷管时，运行速度不得超过 2 m/s，运送火药时运行速度不得超过 2 m/s；②运送火药或炸药时，应缓慢启动和停止提升机，避免罐笼发生剧烈振动；③吊运特殊大件、长材时，其运行速度不得超过 0.5 m/s；④检查主绳和尾绳的速度，一般不大于 0.3 m/s；⑤因检修井筒或处理故障，人员需站在罐笼顶上工作时，其罐笼的运行速度一般为 0.15～0.3 m/s，最大不超过 0.3 m/s。

44. 提升机在运转中发现哪些情况时要中途停车？

答：提升机在运转中发现下列情况之一时，应立即停车：①电流过大，加速太慢，启动不起来；②油压表所指示的压力不足；③提升机声响不正常；④钢丝绳在滚筒上排列发生异状；⑤发现不明信号；⑥速度超过规定值，而限速、过速保护又未起作用；⑦在加、减速过程中出现意外信号；⑧主要部件失灵；⑨接近井口时尚未减速；⑩其他严重的意外故障。

45. 中途需要停车，可以如何操作？

答：中途需要停车时，慢慢控制“主令手柄”回零位待速度减下来后，把主令手柄和制动手柄迅速同时拉回零位，在运行中尽量不要直接收制动手柄，可通过主令手柄拉回零位减速，当速度降到一定程度后再收回制动手柄。

46. 当遇到紧急情况时，如何进行紧急停车？

答：需要紧急停车时，可以迅速拉回“制动手柄”或按下“急停按钮”，此种方式只允许在出现紧急情况时使用，一般不能这样操作。

47. 当提升机发生故障紧急停车后，司机的操作步骤是什么？

答：①按要求操作停车；②观察提升机有何故障报警，判断故障性质并迅速通知维修工；③在得到维修人员的许可后方能复位提升机，运行时密切观察操作台的仪表指示，发现异常应立即停车；④提升机必须运行一个循环无异常后方能投入正常运行，否则副井提升机不得提升人员和物料。

48. 提升机司机如遇信号异常怎么办？

答：如收到的信号不清或与事先联系的信号不一致，不准开车，应与信号工联系核准后才能执行运行操作。如正常运行中出现不正常信号，应按要求及时与有关人员取得联系，查明原因。

49. 当信号系统出现故障时，需要动车，如何操作？

答：当信号系统有故障时，就需要司机手动选择信号，在听清楚开车方向后，才能选方向。在选方向前，必须先按“方向解除”，再选正向或反向。如果是慢点，需要开慢速，可以选择“检修”。这时候只有“选择正向或反向”“允许开车”灯都亮，才允许开车。

50. 提升机过减速点后未自动减速提升机司机该如何处理？

答：如果发现提升机过减速点后未自动减速，提升机司机应马上收回主令手柄，手动控制提升机减速停车，停车后马上向维修人员及技术人员汇报情况。

51. 提升容器达到信号指定停车位置时，无停车信号应怎样操作？

答：无信号也要收回主令手柄，停止运行。

52. 运行时，不得突然改变运行方向，必要时应该怎样操作？

答：必要时必须先停车，再按信号工指令进行换向。

53. 副井提升机的操作模式有哪些？

答：半自动模式、手动模式、检修模式。

54. 用主令手柄开车可以实现提升机哪些动作？

答：加速、匀速、减速、停车。

55. 提升机过卷时怎样开车？

答：卷扬过卷后，安全回路断开，只能按过卷方向的反方向运行；选择过卷复位方式，复位安全回路，然后选择正常方式开出过卷区。

56. 提升机房信号系统必须具备怎样的标准？

答：必须同时发声和发光，提升装置应有独立的信号系统。

57. 提升机的爬行速度和检修速度应在什么范围？

答：爬行速度不大于0.3 m/s，检修速度0.15～0.3 m/s。

58. 矿井提升机点检的内容有哪些？

答：①制动系统是否灵敏可靠；②滚筒转动时有无异常声响；③各轴承温度是否正常；④深度指示器是否准确可靠；⑤各种安全保护装置是否灵敏可靠；⑥各种仪表是否指示正常；⑦提升电机是否运转正常；⑧电控系统的接触器、继电器动作是否可靠；⑨钢丝绳是否安全可靠；⑩井筒装备、装卸载设备等是否安全可靠。

59. 提升机点检有何要求？

答：①点检每天不得少于1次；②点检要按照提升机司机点检本的内容和要求依次逐项检查，不能遗漏；③在点检中发现的问题要及时处理，不能处理的应及时上报，通知维修工处理；④点检中发现的问题及处理结果应详细做好记录，对不会立即产生危害的问题，要进行连续跟踪观察，监视其发展情况。

60. 按照提升机司机交接班制度要求，在什么情况下交班司机不得交班？

答：①按照点检制规定的内容和要求，本班没有认真对设备进行检查和保养；②各种记录本没有按规定填写；③未弄清楚本班发生的故障情况，留有能处理而未处理的问题，又未得到有关负责人允许离开时；④不是接班司机，又未得到有关负责人的同意而来接班的；⑤接班司机精神状态不佳或酒后上岗时。

61. 庆发矿业副井提升机操作室共有多少个急停开关？分别在什么位置？

答： 1 个，在右操作台。

62. 简述提升机启动与开车信号之间的联锁关系。

答： 当提升机准备就绪时，开车信号无法接通，提升机不能启动运行。

63. 庆发矿业副井变电所采用的进线方式是什么，电压等级是多少？

答： 双回路，10 kV。

64. 庆发矿业副井提升机摩擦轮直径、导向轮直径是多少？

答： 副井提升机摩擦轮直径 3.5 m，导向轮直径 3.5 m。

65. 庆发矿业副井首绳、尾绳数量和直径是什么？

答： 副井首绳 4 根，直径 34 mm；尾绳 2 根，直径 50 mm。

66. 庆发矿业副井最大提升速度、加减速度、爬行区速度分别为多少？

答： ①最大提升速度：7.97 m/s；②加减速度为 0.5 m/s^2；③爬行速度为 0.5 m/s，低爬速度为 0.3 m/s。

67. 庆发矿业副井电机励磁方式是什么方式？

答： 他励。

68. 庆发矿业副井提升系统除停车和换层开关外还有哪些井筒开关？

答： 过卷开关、上同步开关、上速度减速点开关、下速度减速点开关、下同步开关、平衡锤过卷开关。

69. 庆发矿业提升机共有多少脉冲编码器和测速电机？分别在什么位置？

答： 3 个脉冲编码器和 1 个测速电机，电机侧 1 个编码器和 1 个测速电机，滚筒侧 1 个编码器，导向轮侧 1 个编码器。

70. 庆发矿业副井左边深度指示仪的从上到下的开关分别是哪些开关？

答： 上过卷开关、上停车开关、上高速定点开关、上减速开关、上同步开关、下过卷开关、下停车开关、下高速定点开关、下减速开关、下同步开关、一水平停车、一水平换层、二水平停车、二水平换层、三水平停车、三水平换层、四水平停车、四水平换层、五水平停车、五水平换层、六水平停车、六水平换层。

71. 闸间隙传感器正常间隙范围值为多少？

答： 0.8 ~1 mm。

72. 提升机过卷装置应设在正常停车位置多少米处？

答： 0.5 m。

73. 电控系统有哪些保护？

答： ①高压保护；②低压保护；③速度保护；④位置测量保护；⑤温度保护；⑥运行的同步保护；⑦辅助设备状态保护；⑧过卷保护；⑨井筒设备的状态保护；⑩液压制动系统的保护等。

74. 庆发矿业副井各井最大工作载重为多少？载人为多少？

答： 副井最大工作载重为 16 t，最大载人数为 110 人。因副井平衡锤改造，调整后的最大工作载重为8t，最大载人数为80人。

75. 副井提升系统的速度检测装置有哪些?

答：编码器、测速电机。

76. 位置检测显示环节有哪些?

答：数字深度指示器、上位机界面。

77. 庆发矿业副井提升机型号及主电机转速、功率各为多少?

答：提升机型号：JKMD3.5×4ZⅠ；主电机转速：500 r/min；功率：1000 kW。

78. 庆发矿业副井提升机开车方式几个速度挡位？速度范围分别是多大?

答：有高/中/低3个速度挡位，低速时的最高速度为2 m/s，中速时最高速度为4 m/s，高速时最高速度为7.97 m/s。3个挡的调节范围分别为0～2 m/s、0～4 m/s、0～7.97 m/s。

79. 提升机运行时靠什么控制速度大小?

答：通过推主令手柄来控制速度的大小，不应由制动手柄调节速度，即通过主令手柄调速时制动手柄不动。提升机正常运行时，制动手柄应推到最大，闸电流应指示在正常最大值。

第四章 信号工考试题库

一、判断题

1. 专为升降人员和物料的罐笼，每层内1次能容纳的人数应明确规定，并在井口公布。(√)

2. 提升矿车的罐笼不一定必须装阻车器。(×)

3. 罐门可以向外开。(×)

4. 若罐底有阻车器的连杆装置时，必须设牢固的检查门。(√)

5. 提人时，井口、井底不能发信号，可能原因有转换开关故障。(√)

6. 在摇台抬起之前，就要发出开车信号。(×)

7. 使用罐笼提升的立井，井口安全门必须在提升信号系统内设置闭锁，安全门没有关闭，发不出停车信号。(×)

8. 提升矿车的罐笼内必须装有阻车器。(√)

9. 井口、井底和中间运输巷设置摇台时，必须在提升信号系统内设置闭锁装置，摇台未抬起，发不出开车信号。(√)

10. 同一层罐笼内可以采用人员和物料混合提升。(×)

11. 罐笼每层内1次能容纳的人数无须规定。(×)

12. 立井罐笼提升时，罐笼到位后即可打开安全门。(×)

13. 矿井提升系统按提升机类型分为缠绕式提升系统和摩擦式提升系统两种。(√)

14. 矿井提升系统按用途分为主井提升系统和副井提升系统。(√)

15. 摩擦式提升系统只用于立井提升系统。(√)

16. 立井提升分为立井箕斗提升和立井罐笼提升。(√)

17. 立井罐笼提升系统的主要作用是为安全、生产和升降人员三方面服务的。(√)

18. 信号工的作用是接收拥罐工的信号，并监督拥罐工安全操作，确保准确无误安全可靠后，向提升机司机发出开车信号。(√)

19. 罐笼可用于主井提升，也可用于副井提升。(√)

20. 罐笼有单层罐笼，双层罐笼和多层罐笼三种。(×)

21. 滚动罐耳运行平稳性好，阻力小，罐道磨损亦小。(√)

22. 滚动罐耳一般用橡胶或铸钢制成，罐道只能是钢轨的和钢绳的以及现推广使用的组合罐道。(×)

23. 矿用提升机按滚筒直径可分为1.6 m、1.2 m、0.8 m提升机等。(√)

24. 阻车器是用于阻挡矿车自由滑行的一种机械设备。它可以阻止矿车自由滑向井口，防止撞坏罐笼和井口装备，还可以防止矿车发生坠井事故和跑车事故。(√)

25. 常见的井口推车装置类型有钢丝绳式推车机、链条式推车机和板链式推车机三

种。(√)

26. 阻车器分单式阻车器和复式阻车器两种。单式阻车器又叫限数阻车器，能限制开启一次阻车器通过的矿车数量，以便向翻车机或罐笼供给一定数量的矿车；单式阻车器有一对阻爪。复式阻车器有两对阻爪，两对阻爪之间，间隔一定距离。(×)

27. 阻车器操作方式有手动和自动两种。(×)

28. 电动钢丝绳式推车机由电动机、减速器、摩擦滚筒、行车滑车、推车爪、绳轮、手动阻车器（也有风动的）以及钢丝绳和轨道等部件组成。(√)

29. 电动链式推车机由电动机、减速器、联轴器、万向接头、链轮、链条、滑车和推爪等部件组成。(√)

30. 在矿山生产过程中，信号工是操纵信号装置，发送、接收信号的工作人员。(√)

31. 信号工所发出的信号决定着提升机司机的操作方式。(√)

32. 《矿山安全法》明确规定，提升装置必须有声光兼备的信号装置，井底车场和井口之间、井口和提升机房之间，除有信号装置外，还必须有直通电话。(√)

33. 提升信号装置是提升作业的工作指示，是保证矿井提升系统安全运转的重要装置。(√)

34. 工作信号是在出现事故或紧急状态时发出信号，可以使提升机立即断电并实现安全制动。(×)

35. 事故信号是正常的提升作业信号，应能区分出各种作业方式的开车信号及停车信号。(×)

36. 矿井信号装置包括生产信号、运输信号、调度信号及井下环境监测信号等四种类型。(√)

37. 专门用来接通或切断信号电路的装置称为信号发送装置。根据动作方式不同，信号发送装置可分为信号按钮和信号开关两种。(√)

38. 信号接收装置是将所接收的电信号转换成人们能够感觉到的声、光、指示形式信号的装置，如电铃、电笛、信号灯、指针指示器等。(√)

39. 立井信号工必须由责任心强，精力充沛，具有一定井口工作实践经验，经过正规培训，熟悉本立井提升设备、信号设施等情况，经考试取得合格证的人员担任。(√)

40. 罐笼等提升容器在运行中，一律不准进行交接班，须待罐笼到位停稳，并打定点信号后才准交接。交接班时，双方均应履行正规的交接手续。(√)

41. 在井筒运送爆破材料时，应严格按《金属非金属矿山安全规程》规定操作，不必事先通知提升机司机按相应的升降速度提升运输。严禁在交接班及人员上下井时间内发送运送爆破材料的信号。(×)

42. 当发出开车信号后，一般可以随意废除本信号，特殊情况需要改变时，必须先发送停车信号后再发送其他种类信号。(×)

43. 拥罐工必须具有立井把钩的工作经历，熟悉拥罐工作，并经过培训，考试合格，发证后持证上岗操作。(√)

44. 井口棚内不准有闲人逗留，严禁任何人从井口往下扒瞧，严禁任何人从井底罐下通过。(√)

45. 升降物料时，所装车数和重量均可以超过规定一定量。(×)

46. 升降爆破材料时，运送爆破材料人员应事先和井上下拥罐工联系好，并经矿当日值班领导批准后才准装罐。爆破材料严禁在井口和井底附近存放。(√)

47. 升降人员时，每罐所乘人员不得超过定员，可以人货混装。(×)

48. 携带爆破材料的炮工人员乘罐时，其他人员可以同罐上下。(×)

49. 非专业人员可以和有爆炸性、易燃性和腐蚀性的物品同乘一罐。(×)

50. 交接双方必须按规定时间在工作现场进行交接。罐笼等提升容器在运行中，一律不准进行交接班，须待罐笼到位停稳，并打定点信号后才准交接。(√)

51. 接班者如认为交班人交代不清当班情况，可以拒绝接班，但必须及时向值班领导汇报，由值班领导裁决。(√)

52. 交班不交给无合格证或酒后人员。非当班工作人员交代情况可以不接班。拥罐工接班后，应与提升机司机及信号工联系好，仔细检查、试验有关设备、设施是否正常，待一切安全可靠后，方可正式提升操作。(√)

53. 提升机停运超过6 h以上或因事故检修后，开车前必须对所有信号、通信设备进行检查试验（试验前，必须与各信号点及提升机司机联系明确后再进行），确认正确灵活畅通后，方可作业。(√)

54. 运送超重、超长、超宽、超高等大型设备、器材或材料时，要请示领导批准，且参与制定必要的安全措施。(√)

55. 提升机在运行前先进行检查或开空车试转，注意润滑状况是否良好。添加润滑油时，不得使用脏的、不合规格的润滑油；并经常注意温升是否正常。提升机出现故障疑象时，可以勉强继续工作，且应通知领导并协助检修师傅消除故障。(×)

56. 信号系统常见的故障现象主要有以下几种：信号灯不亮，声响装置不响，信号灯或声响装置工作不稳、忽亮忽熄或忽响忽停，信号不能撤除，误发信号，信号发不出，信号不能保持等。(√)

二、填空题

1. 提升机的检查工作分为日检、周检和月检，应针对各提升机的（性能）、（结构特点）、（工作条件）以及维修经验来制定检修的具体内容。

2. 一套完整的提升信号系统应当包括（工作信号）、（事故信号）、（检修信号）、各种安全保护信号以及（通信系统）。

3. 罐门或罐帘的高度不得小于(1.2)m，下部边缘至罐的底部距离不得超过(250)mm。

4. 罐笼运送硝化甘油类炸药或电雷管时，升降速度不得超过（2）m/s，运送其他类爆炸材料时，不得超过（2）m/s。

5. 罐笼内每人应占有不小于（0.2）m^2的有效面积。

6. 提升矿车的罐笼内必须装有（阻车器）。

7. 井下信号必须同时（发声）和（发光），提升装置应有独立的（信号系统）。

8. 信号系统设有（工作执行信号）、（水平指示信号）、（提升类别信号）、（检修信号）、（手动信号）。

9. 提人、提物及检修信号有（闭锁）关系。

10. 信号系统分为（井口控制）和（中段控制）两种控制。

11. 提升方式有（提人）、（提物）、（提矿）、（检修）。

12. 信号界面按钮有（状态按钮），（去向选择按钮），上提、下放、（急停）、慢上、慢下、（停车）按钮等。

13. 开车铃响2声为（提升），3声为（下放），4声为（慢上），5声为（慢下）。

14. 当选择中段控制时，当前罐所在水平可发开车信号，其他水平只能发出（停车信号）和（急停信号）。

15. 操车系统共有（手动方式）和（检修方式）两种控制方式。

16. 在信号系统处于"提人"工况下时，只能对（摇台）和（安全门）进行操作，其他设备均不能动作。

17. 前阻没有关到位的情况下，（复阻）不允许打开。

18. 当有水平摇台和安全门的检测出现问题需动车时，可让信号系统在（"井口控制"）的情况下，打到（"检修"）工况，可正常发点开车。

19. 信号键盘上的"1""2""3""4"键，所对应的提升种类分别为（提人）、（提物）、（提矿）、（检修）。

20. 只有所有水平的（摇台都抬起到位）、（安全门都关闭到位后），才允许信号系统发信号开车。

三、选择题

1. 矿井提升系统的主要任务不包括下列哪一项。（D）

A. 提升矿石、矸石等　　B. 提升器材和设备等

C. 升降人员　　D. 提升机等

2. 矿井提升系统按提升容器的不同可分为三类，下列哪一项不属于。（A）

A. 立井提升系统　　B. 箕斗提升　　C. 罐笼提升　　D. 串车提升

3. 矿井井筒提升和斜井运输中的动力设备是提升电动机，按其所带滚筒的直径分，大于（　）m的称为提升机，小于（　）m的称为小提升机。（B）

A. 1，1　　B. 2，2　　C. 1，2　　D. 2，1

4. 拥罐工的作用是负责井口、井底或中段提升容器的摘、挂钩，（C），使用和检查安全防护设施，确保安全无误后，向信号工发出升降信号。

A. 接收信号　　B. 监督信号工操作　　C. 转运提升容器　　D. 升降提升容器

5. 下列哪一项不属于钢丝绳的绳芯所具有的作用。（A）

A. 提高硬度　　B. 支持绳股　　C. 缓和弯曲应力　　D. 减少摩擦

6. 钢丝绳按绳中的捻向分为左捻绳和（A）。

A. 右捻绳　　B. 交叉捻　　C. 同向捻　　D. 反向捻

7. 提升钢丝绳连接装置（简称钩头）有卡子型、插接型、滑头型和（A）连接装置。

A. 楔形　　B. 凹形　　C. 凸形　　D. 工字形

8. 钢丝绳的安全系数，等于实测的合格钢丝绳拉断力的总和与其所承受（B）的之比。

A. 最小静拉力　　B. 最大静拉力　　C. 最小拉力　　D. 最大拉力

9. 升降人员或升降人员和物料用的股捻钢丝绳在一个捻距内断丝断面积与钢丝总断

面积之比达到（D）时，必须更换。

A. 2%　　B. 3%　　C. 4%　　D. 5%

10. 钢丝绳遭受猛烈拉力的一段长度伸长（D）以上时，必须将受力段剁掉或更换全绳。

A. 0.2%　　B. 0.3%　　C. 0.4%　　D. 0.5%

11. 矿用提升机按滚筒直径可分为0.8 m、（B）m、1.6 m提升机等。

A. 1.1　　B. 1.2　　C. 1.3　　D. 1.5

12. 只有用（D）才能调节、补偿提升钢丝绳长度的不同变化，以满足司机正确操作和停罐要求，从而保证井上下同时进出车。

A. 传动装置　　B. 稳定装置　　C. 承接装置　　D. 缓冲装置

13. （B）是用于阻挡矿车自由滑行的一种机械设备。

A. 支罐机　　B. 阻车器　　C. 防坠器　　D. 摇台

14. 根据《金属非金属矿山安全规程》规定，井口安全门必须有（C）要求。

A. 传动　　B. 缓冲　　C. 闭锁　　D. 承接

15. 上提式井口安全门需要加（A）作为井口安全门的罐门导绳。

A. 钢丝绳　　B. 安全绳　　C. 防坠器　　D. 无答案

16. 在立井提升的地面井口和各个中段水平的井口，都必须装设有防止人员、矿车及其他物件坠入井底的（B）。

A. 安全绳　　B. 安全门　　C. 防坠器　　D. 闭锁装置

17. 在矿山生产过程中，（A）是操纵信号装置，发送、接收信号的工作人员。

A. 信号工　　B. 拥罐工　　C. 采矿机司机　　D. 提升机司机

18. （B）所发出的信号决定着提升机司机的操作方式。

A. 拥罐工　　B. 信号工　　C. 采矿机司机　　D. 提升机司机

19. （A）是提升系统的指挥员。

A. 信号工　　B. 拥罐工　　C. 采矿机司机　　D. 提升机司机

20. 《矿山安全法》明确规定，（B）必须有声光兼备的信号装置。

A. 闭锁装置　　B. 提升装置　　C. 缓冲装置　　D. 固定装置

21. 《矿山安全法》明确规定，井底车场和井口之间、井口和提升机房之间，除有信号装置外，还必须有（D）。

A. 闭锁装置　　B. 提升装置　　C. 缓冲装置　　D. 直通电话

22. （B）是提升作业的工作指示，是保证矿井提升系统安全运转的重要装置。

A. 闭锁装置　　B. 提升信号装置　　C. 缓冲装置　　D. 直通电话

23. （A）按提升功能分，一般分为主井提升信号系统和副井提升信号系统。

A. 提升信号系统　　B. 闭锁　　C. 缓冲　　D. 无答案

24. （A）是正常的提升作业信号，应能区分出各种作业方式的开车信号及停车信号。

A. 工作信号　　B. 事故信号　　C. 检修信号　　D. 安全保护信号

25. （B）是在出现事故或紧急状态时发出的信号，可以使提升机立即断电并实现安全制动。

A. 工作信号　　B. 事故信号　　C. 检修信号　　D. 安全保护信号

26. （C）是在进行检修井筒等特殊作业时而使用的信号，以保证这些特殊作业能够顺利进行。

A. 工作信号　　B. 事故信号　　C. 检修信号　　D. 安全保护信号

27. （C）系统是提升系统内主信号工与提升机司机之间，井口信号工与井底信号工之间进行直接联络的工具，以便在具体工作中能够及时地进行询问或核实问题。

A. 工作信号　　B. 事故信号　　C. 通信信号　　D. 安全保护信号

28. 检修人员站在罐笼或箕斗顶上工作时，提升容器的速度一般为0.15～0.3 m/s，最大不得超过（A）。

A. 0.3 m/s　　B. 0.5 m/s　　C. 1 m/s

29. 专门用来接通或切断信号电路的装置称为（B）装置。

A. 信号产生　　B. 信号发送　　C. 信号接收　　D. 信号传送

30. 《金属非金属矿山安全规程》规定，在井筒运送爆破材料时，必须事先通知（D）按相应的升降速度提升运输。

A. 信号工　　B. 拥罐工　　C. 采矿机司机　　D. 提升机司机

31. 当提升机连续停运（A）h及以上时，必须按有关规定对所属信号通信系统进行全面检查试运，确认一切正常后方准发送提升信号。

A. 6　　B. 7　　C. 8　　D. 9

32. 信号装置的工作执行信号不包括（A）项。

A. 平移　　B. 上提　　C. 慢上　　D. 急停

33. 在检修或处理事故期间，信号工、拥罐工应负责井口周围（D）m以内的安全警戒，不准无关人员逗留或进行其他作业等。

A. 2　　B. 3　　C. 4　　D. 5

34. 操车系统的基本组成是由三大部分构成的，下列不属于的是（A）。

A. 过渡部分　　B. 电控部分　　C. 液压部分　　D. 机械部分

35. 信号工发送信号时，数字“2”所表示的信号是（B）

A. 停止　　B. 快上　　C. 慢上　　D. 慢下

36. （B）在上岗操作前必须扎紧袖口和腰带，做好自身安全保护。

A. 信号工　　B. 拥罐工　　C. 提升机司机　　D. 提升机司机

37. 运送硝化甘油类炸药和电雷管必须装在专用的、带盖的木质车厢内，车厢内部铺有胶皮或麻袋等软质垫层，并只准放（A）层爆破材料，如检查不合格或不符合要求，拒绝运送。

A. 1　　B. 2　　C. 3　　D. 4

38. 下列不属于信号拥罐工联系不周、配合不当造成的事故的是（D）。

A. 挤人事故　　B. 压人事故　　C. 相撞事故　　D. 跑车事故

39. 矿车推入罐笼，必须将（A）放下，固定好矿车。

A. 阻车器　　B. 罐笼门　　C. 安全门

40. 乘罐人应在距井口（C）以外候罐。

A. 3 m　　B. 4 m　　C. 5 m

41. 卷扬机开车信号应为（C）信号。

A. 声音　　B. 灯光　　C. 声光

42. 雷管和炸药（A）分别运送。

A、必须　　B. 应该　　C. 不必

43. 严禁在井口和井底附近存放（A）。

A. 爆破材料　　B. 电缆　　C. 工具

44. 罐笼等提升容器在提升中，信号工、拥罐工一律不准进行（A）。

A. 交接班　　B. 下班　　C. 离开

45. 安全门要由（A）开关。

A. 信号工　　B. 拥罐工　　C. 维修工

46. 利用封闭系统中的液体压力，实现能量传递和转换的传动称为（B）。

A. 液力传动　　B. 液压传动　　C. 能力传动

47. 罐笼进出口必须装设罐门或罐帘，高度不得小于（B）。

A. 1m　　B. 1.2m　　C. 1.5m

48. 摩擦提升机是在（C）作用下，实现容器的提升或下放。

A. 拉力　　B. 压力　　C. 摩擦力　　D. 重力

49. 罐道是使提升容器在井筒中安全平稳运行的（B）。

A. 固定装置　　B. 导向装置　　C. 保护装置　　D. 支撑装置

50. 提升机的过卷保护装置应设在正常停车位置以上（B）处。

A. 0.2 m　　B. 0.5 m　　C. 1.0 m

51. 罐笼运送硝化甘油类炸药或电雷管时，升降速度不得超过（B）。

A. 1 m/s　　B. 2 m/s　　C. 3 m/s

四、简答题

1. 简述钢丝绳断丝的有关规定。

答： 各种股捻钢丝绳在一个捻距内断丝断面积与钢丝总断面积之比，达到下列数值时，必须更换：①升降人员或升降人员和物料用的钢丝绳为5%；②专为升降物料用的钢丝绳、平衡钢丝绳、防坠器的制动钢丝绳（包括缓冲绳）和兼作运人的钢丝绳、牵引带式输送机的钢丝绳为10%；③罐道钢丝绳为15%；④架空乘人装置、专为无极绳运输用的和专为运物料的钢丝绳牵引带式输送机用的钢丝绳为25%。

2. 简述阻车器及其作用。

答： 阻车器是用于阻挡矿车自由滑行的一种机械设备。它可以阻止矿车自由滑向井口，防止撞坏罐笼和井口装备，还可以防止矿车发生坠井事故和跑车事故。当阻车器和翻车机、推车机、爬车机、罐笼等设备互相配合时，能很好完成矿井的运输工作（井口或中段车场），达到机械化和自动化的目的。

3. 简述信号工的作用。

答： 在矿山生产过程中，信号工是操纵信号装置，发送、接收信号的工作人员。信号工在矿山生产中起着非常重要的作用，其责任重大，所发出的信号决定着提升机司机的操作方式或全自动提升控制系统提升机的工作方式；另外，信号工还要全面负责井口的安全工作。所以，信号工是提升系统的指挥员。

4. 简述立井信号工的一般规定。

答：①立井信号工必须由责任心强，精力充沛，具有一定井口工作实践经验，经过正规培训，熟悉立井提升设备、信号设施等情况，经考试取得合格证的人员担任；②应在便于观察瞭望及收发信号的信号工房（室）内工作；③当班期间应遵守岗位责任制，并集中精力按公司、各矿统一规定的信号种类标志等有关规定准确无误地发送信号。严禁用口令、敲管子等非标准信号。

5. 简述立井拥罐工的一般规定。

答：①拥罐工必须具有立井把钩的工作经历，熟悉拥罐工作，并经过培训，考试合格，发证后持证上岗操作；②拥罐工在提升机运行期间必须精力集中，随时注意指示信号、提升容器、连接装置、安全门、罐门、钢丝绳等设施的情况，发现情况，及时采取措施；③井口棚内不准有闲人逗留，严禁任何人从井口往下扒瞧，严禁任何人从井底罐下通过；④严格执行现场交接班制度，交班者要交清本班安全情况和机器运转情况，接班者要检查所有安全设施的完好情况，确认一切正常，方可开始工作。

6. 什么是副井提升的提升信号装置？

答：用作提升机房、井口、井下各水平之间信号联络并具有必要闭锁的装置。

7. 井下信号系统必须具备怎样的标准？

答：井下信号必须同时发声和发光，提升装置应有独立的信号系统。

8. 对罐笼提升系统的信号要求有哪些？

答：罐笼提升系统的井底、井下各水平、井口和提升机房相互之间，均设有声光和数显信号相连通，并装有直通电话。在使用过程中任何一种信号装置出现异常，应立即与井口信号工联系，并通知维修工进行维护。

9. 信号系统设有哪几种信号？

答：工作执行信号、水平指示信号、提升类别信号、检修信号、手动信号。

10. 对于操车系统信号有什么要求？

答：井口和各水平的安全门及摇台与提升信号有闭锁。只有在安全门关闭、摇台抬起后，才能发出开车信号。阻车器中单阻和复阻之间有连锁，单阻和复阻不能同时打开。在操作中如发现异于规定的现象，应通知井口信号工，并及时联系维修工进行处理。

11. 提人、提物及检修信号有什么关系？

答：三者是闭锁的。

12. 信号装置有什么特点？

答：井下各水平开车信号（提升、下放）是通过井口信号台转发给提升机司机的，慢上、慢下信号则直接发给提升机司机，且都在信号显示屏上保留。在操作中，如果发现信号的显示与所发信号不符，应立即通知井口信号工，并及时联系维修工进行维护。

13. 各水平信号装置有什么特点？

答：各水平信号之间是闭锁的，同一时间内，只允许一个水平向井口总信号台发送信号。仅在罐笼所在水平发出开车信号后，井口总台方能向提升机司机发出开车信号。

14. 信号工发信号的步骤是什么？

答：选择提升种类→选择运行去向→发开车信号。

15. 如何选择副井提升种类？

答：按键盘"1"选择提人，信号显示器显示"提人"；按键盘"2"选择提物，信号显示器显示"提物"；按键盘"3"选择提矿，信号显示器显示"提矿"；按键盘"4"选择检修，信号显示器显示"检修"。

16. 如何选择运行去向？

答：当井口信号台选择"井口控制"位置时：只有井口信号工才能选择运行去向，通过键盘数字选择要去中段。取消键可取消去向重新选择。

当井口信号台选择"中段控制"位置时：只有"罐笼所在中段"信号工（包括井口）才能够发出运行去向，通过键盘数字选择要去中段。取消键可取消去向重新选择。

17. 如何操作开车信号？

答：当安全门关闭、摇台抬起、无急停，选择了提升种类和有效去向后：①罐笼在井口时，井口信号工可直接按相应的开车按钮（"提升""下放""慢上""慢下"，其中提升和下放按钮必须和程序内部判断上提下放一致），发开车信号，允许开车灯亮，开车铃响（2声"提升"，3声"下放"，4声"慢上"，5声"慢下"），按停车按钮可消除开车信号；②罐笼在中段时，中段信号工可按相应的开车按钮（"提升""下放""慢上""慢下"，其中提升和下放按钮必须和程序内部判断上提下放一致）发中段信号，信号显示灯亮并闪烁，中段信号铃响（2声"提升"，3声"下放"，4声"慢上"，5声"慢下"），井口接收到信号后，可按相应的开车按钮（"提升"、"下放"）发开车信号（与中段信号一致），允许开车灯亮，开车铃响，按停车按钮可消除开车信号。

18. 如何发对罐信号？应该注意什么？

答：罐笼所在罐位发"慢上""慢下"信号，中段时直接发到司机室。由司机慢速开车对罐。对罐结束时由信号工打停点结束。当打慢上慢下信号时，提升机不会自动停车，需中段信号工打停车信号将车打停。

19. 如何进行应急打点？

答：若中段信号箱出现问题，不能正常通信时候，可以使用应急打点方式。方法如下：把旋转开关打在"PLC故障"位置，然后按"应急打点"按钮，根据实际情况选择要去的水平。同时井口信号台要选择"井口控制方式"，并且选择"检修"方式，根据中段选择相应的去向和方向。

若中段箱和井口信号都出现问题，可以使用应急打点方式。方法如下：把信号箱和信号台都打在"PLC故障"位置，根据实际去向和速度要求，按应急打点打相应的点数，井口信号工根据接收的点数，也按应急打点打相应点数转给提升机房。提升机工根据听到的点数判断开车方式。

20. 罐笼到达本水平时信号工应怎样操作？

答：罐笼到达本水平时自动停车，等罐笼停稳后，放下摇台，再开安全门。严禁在罐笼未停稳前放下摇台和开安全门。

21. 简要说明信号台信号界面有哪些按钮。

答：状态按钮，去向选择按钮，上提、下放、急停、慢上、慢下、停车按钮等。

22. 举例说明信号工如何进行下放信号操作。

答：例如1水平去3水平：1水平信号房打提人(提物/大件)状态→打去向3水平→打下放信号，即1水平完成本次信号操作。当罐笼到达3水平，自动停车以后，完成本次提升操作。

23. 举例说明信号工如何进行上提信号操作。

答： 例如4水平去2水平：4水平信号房选提人（提物/大件）状态→去向2水平→上提信号→井口信号房转发此次信号即完成4水平本次操作。提升机到2水平自动停车以后，完成本次提升任务。

24. 本水平换层，信号工如何操作？

答： 选换层状态→打去向（本水平）→打慢上慢下信号→井口转发信号→（换层完以后）自动停车，完成本次换层任务。

25. 拥罐工和信号工的关系？

答： 拥罐工和信号工在工作中是互相配合、相互协作的。拥罐工按照相关规定维护罐笼上下人员秩序，确认罐笼提升安全后，通知信号工发开车信号。设备运行过程中发现问题，及时与信号工沟通并联系维修工进行处理。

26. 维护人员在井口作业时，拥罐工该怎么做？

答： 当维修人员在井口或站在罐笼顶部作业时，拥罐工应进行监护，严禁非工作人员靠近井口，并严禁任何人向井筒内扔杂物。

第五章 实际操作考试题库

第一节 钳工实际操作试题

实操题一 闸间隙检测、调整

一、操作前准备工作

（1）安全帽、工作服、防砸防穿刺劳保鞋穿戴整齐。 5分

（2）塞尺、活口扳手、闸间隙专用调整扳手准备齐全。 5分

二、操作过程

（1）停机状态下，检查每组制动器的状态，确认制动器抱紧。 2分

（2）关闭制动器上全部控制闸阀，指挥卷扬司机在调闸模式下启动液压站，推动制动手柄至工作位，系统油压升至正常运行压力（10 MPa），确认制动器抱紧状态无变化。卷扬司机把制动手柄拉回制动位，确认油压小于残压值（1 MPa以下）。 2分

（3）打开第一对制动器控制闸阀，卷扬司机推动制动手柄至工作位，向第一对制动器供压，确认压力达到正常运行压力，该对制动器处于打开状态。 2分

（4）使用塞尺对闸间隙进行测量，符合标准值，记录。 2分

（5）不符合标准值，进行调整。调整方法：先打开锁紧螺母，利用闸间隙调整专扳手对调整螺母进行调整到标准值，再拧紧锁紧螺母。 4分

（6）第一对制动器闸间隙检测结束后，卷扬司机将制动手柄拉回制动位，确认压力表达到正常残压指示，关闭阀门，该制动器抱紧。 6分

（7）按要求对其余三对制动器闸间隙进行检测，并记录。 54分

（8）检查完毕，在停机状态下将制动器上的控制闸阀打开。 5分

（9）确认各阀门全部打开，试车运行。 3分

三、操作后整理工作

（1）工器具全部回收。 5分

（2）现场卫生清理。 5分

四、注意事项

（1）检测其他三对制动器闸间隙时，评分标准参照第一对制动器检测。

（2）检测操作过程中，有（2）（6）（8）项操作不当或不做者，此次考试成绩不合

格。

实操题二　钢丝绳绳径检测

一、操作前准备工作

（1）安全帽、工作服、安全带、防砸防穿刺劳保鞋穿戴整齐。 5分

（2）游标卡尺、对讲机准备齐全。 5分

二、操作过程

（1）操作人员指挥卷扬司机把罐笼停在与井口持平位置。 1分

（2）在井口配重侧，操作人和监护人穿戴好安全带，并将安全带固定到安全位置。 2分

（3）移开井口配重侧护栏，铺上木板，木板铺设应与钢丝绳保持一定距离。 1分

（4）操作人使用游标卡尺分别对4根钢丝绳进行测量。每根每个点测量两次，角度90°，取平均值。 5分

（5）一个点测量结束后，操作人指挥卷扬司机将提升机下放。下放过程中，操作人员应仔细观察钢丝有无断丝、跳丝、锈蚀等现象，若发现可疑情况，应指挥卷扬司机停车进行仔细检查，并翔实记录。 4分

（6）下放20 m停车，提升机停稳后操作人员才可对该点进行测量。 2分

（7）按要求完成整个验绳过程。 60分

（8）拆除铺设的木板，恢复配重侧围栏，结束验绳工作。 5分

三、操作后整理工作

（1）工器具全部回收。 5分

（2）现场卫生清理。 5分

四、注意事项

（1）本次考试以5个点的检测为准，检测其他点绳径时，评分标准参照第一点检测。

（2）绳径检测操作过程中，有（2）（6）（8）项操作不当或不做者，此次考试成绩不合格。

实操题三　天　轮　加　油

一、操作前准备工作

（1）安全帽、工作服、安全带、防砸防穿刺劳保鞋穿戴整齐。 5分

（2）扳手、加油泵、对讲机准备齐全。 5分

二、操作过程

（1）操作及监护人员穿戴好安全带，在登上天轮平台过程中，应扶好栏杆。登上天

轮平台后，将安全带固定在安全位置。 10分

（2）操作人员检查电动加油泵电源是否完好、加油泵是否正常。正常后，在加油泵中加入3号锂基脂。 20分

（3）操作人通过对讲机指挥卷扬司机，将天轮转动到合适位置，在提升机停稳后，操作人员使用扳手打开天轮油堵螺栓，连接加油泵和加油嘴，启动加油泵开始加油。当有新油自天轮中心轴位置溢出后，停止加油泵，拆开加油泵与油嘴的连接，拧紧油堵螺栓，该处加油完毕。 20分

（4）按要求完成对天轮的加油。 20分

（5）确认所有工器具已收回，现场环境安全后指挥卷扬司机试运行提升机。 10分

三、操作后整理工作

（1）工器具回收。 5分

（2）现场卫生清理。 5分

四、要求

天轮加油操作过程中，有（1）（3）（5）项操作不当或不做者，此次考试成绩不合格。

实操题四 盘型制动器更换

一、操作前准备工作

（1）安全帽、工作服、防砸防穿刺劳保鞋穿戴整齐。 5分

（2）新制动器1对、力矩扳手1套、活口扳手1套、$\phi 6(L=1\ \mathrm{m})$ 钢丝绳套2件、适量46号抗磨液压油、专用月牙扳手等准备齐全。 5分

二、操作过程

（1）提升机停车后，将不需要更换的各组制动器控制阀门全部关闭。 5分

（2）拆除需要更换的这组制动器的闸检测传感器（闸盘偏摆传感器）和制动器与液压站之间的联结油管。 5分

（3）拆卸制动器：①用 $\phi 6$ 钢丝绳套分别将制动器与副井提升机房起重机吊钩相连，保持钢丝绳拉直即可（钢丝绳与制动器处于垂直方向）；②用力矩扳手将盘形闸与支座的连接螺栓逐一拆掉，记录螺母松动时力矩扳手最大值；③将拆掉的制动器吊至合适位置。 20分

（4）安装新制动器：①检查制动盘是否有油污或者锈蚀；②用 $\phi 6$ 钢丝绳套将新制动器吊装到位；③安装盘形闸与支座的连接螺栓，并用力矩扳手拧紧到图纸所要求的力矩为止（如果图纸没有相关数据，可以咨询厂家或者参考拆卸时记录的螺母松动时力矩扳手的最大值）。 20分

（5）清洗油管，将盘式制动器接上相应油管，使盘式制动器与液压站相连。 5分

（6）排出液压制动系统中的空气。 5分

（7）调整新安装闸间隙，详见《制动器闸间隙检测调整工作流程》。 5分

（8）安装好新装制动器的闸检测传感器（闸盘偏摆传感器）。 5分

（9）打开其余各组制动器的控制阀门。 5分

（10）提升机试车运行2～3次，停车检查新安装的这组制动器的闸间隙是否与初调时一致，无问题后通知提升机司机可以正常开车。 5分

三、操作后整理工作

（1）工器具回收。 5分

（2）现场卫生清理。 5分

四、要求

制动闸更换操作过程中，有（1）（9）（10）项操作不当或不做者，此次考试成绩不合格。

实操题五　提升机液压站液压油更换

一、操作前准备工作

（1）安全帽、工作服、防砸防穿刺劳保鞋穿戴整齐。 5分

（2）127L空油桶5个、127LYB－N46抗磨液压油5桶、滤油机1台、网式过滤器2个、各阀件密封圈2套、绸布或尼龙布适量、面粉适量、汽油适量、面盆2个、活口扳手1套、十字改锥1件等准备齐全。 5分

二、操作过程

（1）提升机停车后，将制动器控制阀门全部关闭。 5分

（2）把需更换液压油的液压站油箱盖板上的空气滤清器盖打开，用滤油机将液压站里的旧油抽到空油桶里面；当液位低到无法用滤油机抽旧油时，打开液压站的放油阀门，将油箱底部剩余的旧油放到准备好的面盆里，直到放尽。 10分

（3）打开液压站旁边的人孔端盖，用调制好的面团清理油箱底部残油及污垢，特别是各个角落。 10分

（4）拆卸进油口的网式过滤器，将新的网式过滤器安装到位。 5分

（5）拆卸并清洗各阀件，更换阀件密封圈（在平时维护和液压油的更换中，如果不是有经验的钳工，一般不建议拆卸、清洗）。 10分

（6）拆卸靠近液压站的一段油管，放掉管内残油，清洗油管。 5分

（7）用绸布或尼龙布擦拭干净油箱及各阀件安装端面，安装好人孔端盖及各阀件，关闭放油阀门。 5分

（8）清洗滤油机滤芯。 5分

（9）用滤油机向油箱里加注新油到规定液位，注意观察液位计，一般加到液位计显示区域的2/3稍多一点位置即可。 5分

（10）安装好靠近液压站的一段油管，先暂时不与制动器管路相连，启动液压站；当

新油从油管中流出 10 s 左右时，关闭液压站，连接好管路。 5分

（11）观察液压站油位，油位正常后，拆掉滤油机，安装好空气滤清器盖。 5分

（12）启动液压站约 10 min，观察各部件、管路有无渗漏现象，各仪表显示是否正常，无问题后通知提升机司机可以正常开车。 5分

（13）打开各制动器控制阀门。 5分

三、操作后整理工作

（1）工器具回收。 5分

（2）现场卫生清理。 5分

四、要求

制动闸更换操作过程中，有（1）（13）项操作不当或不做者，此次考试成绩不合格。

实操题六　安全门油缸更换

一、操作前准备工作

（1）安全帽、工作服、安全带、防砸防穿刺劳保鞋穿戴整齐。 5分

（2）活口扳手、倒链准备齐全。 5分

二、操作过程

（1）操作人员指挥提升机司机将罐笼提至井口。 5分

（2）操作人员指挥信号工打开安全门，用倒链将安全门挂起，关闭液压站。 20分

（3）先拆油管，再拆单向节流阀，最后将油缸拆下。 20分

（4）更换新油缸并固定。 20分

（5）连接单向节流阀和油管。 10分

（6）试运行。 5分

三、操作后整理工作

（1）工器具回收。 5分

（2）现场卫生清理。 5分

四、要求

油缸更换操作过程中，有（1）（2）项操作不当或不做者，此次考试成绩不合格。

实操题七　罐笼侧调绳油缸更换

一、操作前准备工作

（1）安全帽、工作服、安全带、防砸防穿刺劳保鞋穿戴整齐。 5分

（2）25 t 卡绳器（含配套板卡 2 副）1 件、2 t 倒链 1 件、撬棍（$L=1$ m）1 件、$\phi10$

($L=0.5$ m) 钢丝绳套 2 件、$\phi34$ 钢丝绳套 ($L=1$ m) 1 件、$\phi34$ 绳卡 4 件、活口扳手 1 套、工字钢 I 36a ($L=3$ m) 2 根、调绳油缸 1 件，准备齐全。 5 分

二、操作过程

(1) 将罐笼提升至井口，罐笼顶部与井口水平平齐。 5 分

(2) 在平衡锤侧离井口约 2 m 的井架梁上将工字钢 I 36a ($L=3$ m) 2 根放置在需更换油缸的对应钢丝绳两侧，用卡绳器锁住该钢丝绳，加装 1 副绳卡。 5 分

(3) 在需更换油缸的悬挂装置对应的楔形绳卡上方约 1 m（根据起吊油缸的位置确定）将 $\phi34$ 钢丝绳套与提升绳固定，用 $\phi10$ 的钢丝绳套与之相连，挂好倒链。 5 分

(4) 关闭不需更换油缸的各分阀。 5 分

(5) 连好调绳油缸的打压机，打开调绳油缸连通器的总开关，启动打压机卸压，并用撬棍使油缸活塞杆缩回（悬挂装置保持不偏摆），把需要更换的调绳油缸内的液压油全部放掉，拆掉打压机。 5 分

(6) 拆掉旧油缸连通油管，用倒链固定好旧油缸，拆掉张力自动平衡悬挂装置挡板、压板和油缸连接螺栓，将旧油缸拉出，放到井口不影响作业的地方。拆卸过程中，一定要固定好旧油缸，防止油缸坠井。 20 分

(7) 将新油缸吊运、安装到位，接好连接油管。再次把打压机与调绳油缸连接好，向新油缸充液，使新油缸活塞杆伸出长度接近于更换前长度。 15 分

(8) 打开所有油缸分阀门，使新油缸进入连通状态，进行打压。打压好后，关掉调绳油缸连通器的总开关，拆掉打压机。 5 分

(9) 拆除平衡锤侧的卡绳器、工字钢；拆掉油缸吊装用的工字钢和倒链。 5 分

(10) 清理好作业场地。 5 分

(11) 正常速度运行两次，观察新换油缸运行情况，无问题后通知信号工、提升机司机可以正常开车。 5 分

三、操作后整理工作

(1) 工器具回收。 5 分

(2) 现场卫生清理。 5 分

四、要求

油缸更换操作过程中，有 (4) (6) 项操作不当或不做者，此次考试成绩不合格。

第二节　电工实际操作试题

实操题一　电气设备除尘

一、操作前准备工作

(1) 安全帽、工作服、绝缘劳保鞋穿戴整齐。 5 分

(2) 吸尘器、抹布、吹风机、验电笔、螺丝刀、扳手等准备齐全。 5分

二、操作过程

1. 操作步骤

(1) 确认待除尘设备1号整流柜、2号整流柜、切换柜、调节柜、提升数控柜具备停电条件，并检查周围环境，有无不安全因素。 5分

(2) 按照操作票分别对1号、2号馈电柜以及低压电源柜、电控UPS进行停电操作。 10分

(3) 由操作人对该待除尘设备进行验电，确认设备已经停电。在停电部位悬挂“有人工作，禁止合闸”标识牌。 5分

(4) 由操作人对该设备进行除尘。除尘过程应按照由上到下的原则，先用吸尘器除尘，边角以及吸尘器难以清除的部位用干抹布清理。 10分

(5) 除尘结束后，应对除尘设备内部接线进行逐项检查，确认在除尘过程中无松动和脱落。 5分

(6) 确认没有工具遗漏在设备内部。检查无误后，恢复除尘设备原状。 5分

(7) 摘掉“有人工作，禁止合闸”标识牌。按操作票对该设备恢复送电。有隔离操作的，必须按照先合隔离再合断路器的顺序操作。 10分

(8) 恢复送电后，启动该设备，试车运行，确认设备运行正常。 5分

(9) 在设备检修记录中规范填写除尘记录。 5分

2. 清理效果

未达到清理干净效果。 20分（酌情扣分）

三、操作后整理工作

(1) 工器具回收。 5分

(2) 现场卫生清理。 5分

四、要求

设备除尘操作过程中，有（2）（3）（5）（6）项操作不当或不做者，此次考试成绩不合格。

实操题二 井 口 清 零

一、操作前准备工作

安全帽、工作服、绝缘劳保鞋穿戴整齐。 10分

二、操作过程

1. 操作步骤

(1) 检修状态。 20分

(2) 指挥提升机司机把车开到井口正常停车位并且开口停车开关动作。 20分

(3) 检修+方向解除+选择正向+井口停车开关动作。 30分

2. 清零效果

未达到井口清零效果。 20分(酌情扣分)

实操题三 高压柜停电、送电

一、操作前准备工作

(1) 安全帽、工作服、绝缘劳保鞋穿戴整齐。 5分

(2) 摇柄、高压绝缘手套准备齐全。 5分

二、操作过程

1. 操作步骤

(1) 停电:

①首先应检查核对是否为操作的柜体,否则不准擅自操作。 5分

②按"分闸"按钮,使断路器分闸,观察分闸指示灯是否亮。 5分

③将高压柜断路器摇到试验位置,试验位置指示灯亮。 10分

④在停电高压柜上挂上指示牌。 5分

(2) 送电:

①首先应检查核对是否为操作的柜体,否则不准擅自操作。 5分

②断开接地刀闸。 5分

③用摇把将断路器摇入工作位置,工作位置指示灯亮。 10分

④按"合闸"按钮,使断路器合闸,观察合闸指示灯是否亮。 5分

⑤确认一切正常后,送电操作结束,挂运行标示牌。 5分

⑥恢复送电后,启动该设备,试车运行,确认设备运行正常。 5分

2. 操作效果

未达到停、送电效果。 20分(酌情扣分)

三、操作后整理工作

(1) 工器具回收。 5分

(2) 现场卫生清理。 5分

四、要求

停送电操作过程中,有停电①④项、送电①②⑤⑥项操作不当或不做者,此次考试成绩不合格。

实操题四 热缩型电缆终端头制作

一、操作前准备工作

(1) 安全帽、工作服、绝缘劳保鞋穿戴整齐。 5分

(2) 电工刀、酒精喷灯、钢锯、液压钳、克丝钳等准备齐全。 5分

二、操作过程

1. 剥切电缆和焊地线

根据终端头支架与连接设备之间的距离，确定剥切外护套的尺寸。在外护套切断口30 mm 处扎绑线，剥除其余钢铠。自钢铠断口处起，保留20 mm 内护层，其余剥除。摘除内部填充物，将三相线芯分开。磨光钢铠上焊接地线的部位，用地线连通每相铜屏蔽层和钢铠并焊牢。 10分

2. 包绕填充胶带、固定手套

在三叉口根部包绕填充胶带。形似橄榄状，最大直径为电缆外径加15 mm。将手套套入三叉口根部，由手指根部开始，依次向两端加热固定。 20分

3. 剥铜屏蔽层、固定应力管

自手套指端开始，保留55 mm 铜屏蔽层，其余剥除。再自铜屏蔽层断口开始保留20 mm 半导电层，其余剥除。 20分

4. 固定应力管、装线鼻子

给每相芯线套入应力管，与铜屏蔽层搭接长度为20 mm，加热固定。接线鼻子孔深加5 mm 剥去线芯绝缘，端部削成“铅笔头”状。线鼻子压接好以后，在“铅笔头”处包绕填充胶带，并搭接线鼻子10 mm。 20分

5. 固定绝缘管和相色管

套入绝缘管至三叉口根部，管上端超出填充胶10 mm，由根部起加热固定。再套相色管并加热固定。

户内头安装完毕后，户外头再套入三孔和单孔防雨裙并加热固定。 10分

三、操作后整理工作

（1）工器具回收。 5分

（2）现场卫生清理。 5分

实操题五 热缩型中间接头制作

一、操作前准备工作

（1）安全帽、工作服、绝缘劳保鞋穿戴整齐。 5分

（2）电工刀、酒精喷灯、钢锯、液压钳、克丝钳等准备齐全。 5分

二、操作过程

1. 剥切电缆

按要求取所需尺寸，剥去外护套，在距断口50 mm 的钢铠上扎绑线，其余钢铠剥除。保留20 mm 内护层，其余剥除并摘去填充物。 10分

2. 锯芯线、剥屏蔽层及半导层

按要求对正芯线，在中心处锯断。自中心点向两端芯线各量300 mm，剥去其余铜屏蔽层，自铜屏蔽层断口起保留20 mm 半导层，其余剥除并清除芯线绝缘体表面半导电

质。　10分

3. 固定应力管、套入管材

在两侧各相芯线上分别套入应力管，搭接铜屏蔽层20 mm，加热固定。在剥切电缆较长一端套入护套端头、密封套及护套筒部，每相芯线上套入绝缘管（2根）、半导管（2根）和铜网，在剥切较短一端套入护套端头及密封套。　20分

4. 压接连接管

在芯线端部量取1/2连接管长加5 mm，切除绝缘体。由绝缘体断口量取35 mm，削成30 mm长的锥体，留5 mm半导层。按照基本操作工艺进行连接管的压接。　10分

5. 缠半导电带，包绕填充胶带，固定内、外绝缘管

在连接管上包半导电带，并与两端半导层搭接。在连接管两端的锥体之间包绕填充胶带，厚度不小于3 mm，锥体部位应填平。将内绝缘管套在两端应力管之间，由中间向两端加热固定。再将外绝缘管套在内绝缘管的中心位置上，加热固定。　10分

6. 固定半导管，安装屏蔽网及地线

将两根半导管套在绝缘管上，两端搭接铜屏蔽层各50 mm，依次由两端向中间加热固定。用屏蔽网连通两端铜屏蔽层，端部绑扎焊牢。用地线旋绕扎紧芯线，两端在钢铠上绑紧焊牢，并在两侧屏蔽层上焊牢。　10分

7. 固定护套

将两端的护套端头与护套筒部安装好，两端绑扎在钢铠上。将密封套套在护套端头上，两端各搭接筒部和电缆外护套100 mm，加热固定。　10分

三、操作后整理工作

（1）工器具回收。　5分

（2）现场卫生清理。　5分

实操题六　提升机“液压站轻故障”问题处理

一、提升机问题说明

（1）提升机无法正常开车，“液压站轻故障”指示灯亮。

（2）液压站可以正常启动。

（3）根据以上问题，查找确定问题原因并解决。

二、操作前准备工作

（1）安全帽、工作服、绝缘劳保鞋穿戴整齐。　5分

（2）螺丝刀等准备齐全。　5分

三、操作过程

（1）通过上位机的WIN CC和STEP7查找故障原因。　10分

（2）分析故障原因。　10分

（3）查阅图纸确定故障位置。　10分

（4）解决问题并恢复。 40分

（5）试车。 10分

四、操作后整理工作

（1）工器具回收。 5分

（2）现场卫生清理。 5分

第三节 提升机司机实际操作试题

实操题一 正常开车

一、操作前准备

工作服、绝缘劳保鞋穿戴整齐。 10分

二、操作过程

（1）开车前准备。 30分

①将操作台上的制动手柄、主令手柄均置于零位，“手柄零位”指示灯亮。 5分

②启动主风机，“主风机启动”灯亮。 5分

③启动润滑站，“润滑站启动”灯亮，相应油压表有压力指示。 5分

④启动装置，“装置启动”灯亮，操作台上“磁场电流”表有正常励磁电流显示。 5分

⑤按故障恢复按钮。 5分

⑥启动液压站，“液压站启动”灯亮，相应油压表有残压指示。 5分

（2）开车。 10分

（3）停车。 10分

（4）停车后操作。 10分

（5）未达到开车、停车要求。 20分（酌情扣分）

（6）操作过程要进行手指口述。 10分

实操题二 检修开车

一、操作前准备

工作服、绝缘劳保鞋穿戴整齐。 10分

二、操作过程

（1）开车前准备。 20分

（2）开车。 10分

（3）停车。 10分

(4) 停车后操作。 10分
(5) 口述调闸模式操作步骤。 10分
(6) 未达到检修开车、停车要求。 20分（酌情扣分）
(7) 操作过程要进行手指口述。 10分

第四节　信号工实际操作试题

实操题一　操车设备的正常操作

一、操作前准备

(1) 工作服、绝缘劳保鞋穿戴整齐。 5分
(2) 检查是否具备操作操车条件。 5分

二、操作过程

(1) 摇台起落。 20分
(2) 安全门开闭。 20分
(3) 阻车器动作。 20分
(4) 推车机动作。 20分

三、要求

一人操作摇台，一人在井口进行手指口述。 10分

实操题二　试发信号，要求“提人”、“下放”、到-350水平

一、操作前准备

(1) 工作服、绝缘劳保鞋穿戴整齐。 5分
(2) 检查是否具备开车条件。 5分

二、操作过程

(1) 选择“提人”。 20分
(2) 选择“下放”。 20分
(3) 选择到-350水平。 20分
(4) 发送成功。 20分

三、要求

一人发信号，一人在井口进行手指口述。 10分

实操题三　本水平换层（上层罐换下层罐）信号操作

一、操作前准备

（1）工作服、绝缘劳保鞋穿戴整齐。　5分

（2）检查是否具备开车条件。　5分

二、操作过程

（1）选择“提人”。　20分

（2）选择“下放”。　20分

（3）选择“换层”。　20分

（4）发送成功。　20分

三、要求

一人发信号，一人在井口进行手指口述。　10分

附录 庆发矿业副井提升系统简介

庆发矿业副井采用竖井落地式多绳摩擦单罐笼配平衡锤提升方式，提升容器为多绳双层罐笼，刚性罐道。

庆发矿业副井提升机制造厂家为中信重工机械股份有限公司，型号为 JKMD3.5×4Z(Ⅰ)，滚筒直径为 3.5 m；天轮直径为 3.5 m，共 2 个。提升机电控系统由洛阳源创电气有限公司生产型号为 JKMK/SZ－NT－1000 kW/660 V－31CI/D7，采用电枢换向串联 12 脉动控制、磁场恒定。

首绳型号为 6V×37S＋FC，直径 34 mm，共 4 根，左右捻各 2 根；尾绳型号为 34×7＋FC，直径 50 mm，共 2 根。

罐笼为徐州煤矿安全设备制造有限公司生产的多绳双层罐笼，底板尺寸 5200 mm×2700 mm，自重 18 t，最大工作载重为 16 t，最大载人数为 110 人，最大提升速度为 7.97 m/s。

庆发矿业副井井筒直径为 6.5 m，井架高度 35 m，井筒深度为 672 m，井口标高为＋37 m，共包括 0、－350 m、－475 m、－515 m、－550 m、－600 m 六个水平，主要担负人员、设备、材料、废石及粉矿回收等提放任务。

参　考　文　献

[1] 国家质量监督检验检疫总局，中国国家标准化管理委员会．GB 16423—2006　金属非金属矿山安全规程［S］．北京：中国标准出版社，2006.

[2] 国家质量监督检验检疫总局，中国国家标准化管理委员会．GB 16542—2010　罐笼安全技术要求［S］．北京：中国标准出版社，2011.

[3] 国家质量监督检验检疫总局，中国国家标准化管理委员会．GB 20181—2006　矿井提升机和矿用提升绞车　安全要求［S］．北京：中国标准出版社，2006.

[4] 国家质量监督检验检疫总局，中国国家标准化管理委员会．GB/T 10599—2010　多绳摩擦式提升机［S］．北京：中国标准出版社，2011.

[5] 国家安全生产监督管理总局．AQ 2021—2008　金属非金属矿山在用摩擦式提升机安全检测检验规范［S］．北京：煤炭工业出版社，2009.

[6] 国家安全生产监督管理总局．AQ 2026—2010　金属非金属矿山提升钢丝绳检验规范［S］．北京：煤炭工业出版社，2011.

[7] 中华人民共和国工业和信息化部．JB/T 3277—2017　矿井提升机和矿用提升绞车　液压站［S］．北京：机械工业出版社，2017.

[8] 中华人民共和国工业和信息化部．JB/T 3721—2015　矿井提升机和矿用提升绞车　盘形制动器闸瓦［S］．北京：机械工业出版社，2015.

[9] 中华人民共和国工业和信息化部．JB/T 8519—2015　矿井提升机和矿用提升绞车　盘形制动器［S］．北京：机械工业出版社，2015.

[10] 中华人民共和国工业和信息化部．JB/T 3812—2015　矿井提升机和矿用提升绞车　盘形制动器用碟形弹簧［S］．北京：机械工业出版社，2015.

[11] 中华人民共和国工业和信息化部．JB/T 10347—2002　摩擦式提升机　摩擦衬垫［S］．北京：机械工业出版社，2002.